土木工程再生利用技术丛书

土木工程再生利用建设指南

李慧民　李文龙　裴兴旺　李　勤　编著

科学出版社
北　京

内 容 简 介

本书全面系统地论述了土木工程再生利用项目建设全过程所涉及的基本理念、工作内容和建设程序等。全书共10章，其中第1章主要归纳了土木工程再生利用的基本内涵、基础理论和发展趋势；第2～10章分别从土木工程再生利用开发决策、现状实测、性能评定、项目设计、项目施工、项目管理、项目验收、项目维护、项目评价方面阐述了各个阶段的主要工作内容和工作流程等。

本书可作为高等院校土木工程、工程管理、建筑学、城乡规划等相关专业本科生的教学参考书，也可作为从事土木工程再生利用相关领域的工程技术及管理人员的培训教材。

图书在版编目(CIP)数据

土木工程再生利用建设指南/李慧民等编著. —北京：科学出版社，2021.6
(土木工程再生利用技术丛书)
ISBN 978-7-03-068899-6

Ⅰ. ①土…　Ⅱ. ①李…　Ⅲ. ①土木工程-废物综合利用-指南　Ⅳ. ①X799.1-62

中国版本图书馆CIP数据核字(2021)第099252号

责任编辑：张丽花 / 责任校对：王　瑞
责任印制：张　伟 / 封面设计：迷底书装

科学出版社 出版
北京东黄城根北街16号
邮政编码：100717
http://www.sciencep.com
涿州市般润文化传播有限公司 印刷
科学出版社发行　各地新华书店经销
*
2021年6月第　一　版　开本：787×1092　1/16
2021年6月第一次印刷　印张：11 1/4
字数：266 000

定价：88.00元
(如有印装质量问题，我社负责调换)

本书编写(调研)组

组　长：李慧民

副组长：李文龙　裴兴旺　李　勤

成　员：胡　炘　孟　海　陈　旭　武　乾　田元福
袁春燕　赵向东　刘怡君　王　莉　华　珊
万婷婷　董美美　熊　雄　熊　登　王安冬
任秋实　龚建飞　贾丽欣　田　卫　张　扬
杨战军　陈　博　盛金喜　周崇刚　张广敏
郭海东　吴思美　胡　鑫　王孙梦　郭　平
柴　庆　樊胜军　刚家斌　高明哲　刘慧军
张　健　张　勇　马海骋　黄　莺　蒋红妍
程　伟　刘钧宁　尹志洲　田伟东　郁小茜
周　帆　邸　巍　崔　凯　代宗育　闫永强
鄂天畅　钟兴举　尹思琪　田梦堃　段品生
孟　江　李温馨　于光玉　王　蓓　郭晓楠
王　川　王　楠

前　言

本书围绕土木工程再生利用的基本理论和方法进行编写，在现行标准规范的基础上，以"土木工程再生利用"为对象，对项目全过程进行深入分析和探讨，旨在为我国土木工程再生利用项目建设提供基础理论和参考借鉴。全书共10章，第1章主要归纳了土木工程再生利用的基本内涵、基础理论和发展趋势，第2～10章分别阐述了土木工程再生利用全过程各个阶段的基本理念、工作内容、建设程序等。全书内容丰富，逻辑性强，由浅入深，便于操作，具有较强的实用性。

本书由李慧民、李文龙、裴兴旺、李勤编著。其中各章分工如下：第1章由李慧民、董美美、胡炘、郁小茜撰写；第2章由李勤、王安冬、田伟东撰写；第3章由李文龙、熊登、刘怡君撰写；第4章由裴兴旺、熊雄、孟海、龚建飞撰写；第5章由李勤、王川、刘怡君、尹志洲撰写；第6章由李慧民、龚建飞、李文龙、王孙梦撰写；第7章由李文龙、任秋实、裴兴旺撰写；第8章由裴兴旺、万婷婷、崔凯、贾丽欣撰写；第9章由李慧民、王川、华珊、周帆撰写；第10章由胡炘、王莉、邸巍撰写。

本书的编写得到国家自然科学基金项目"考虑工序可变的旧工业建筑再生施工扬尘危害风险动态控制方法研究 "(批准号：51908452)、"生态安全约束下旧工业区绿色再生机理、测度与评价研究"(批准号：51808424)、住房和城乡建设部课题"基于绿色理念的旧工业区协同再生机理研究"(批准号：2018-R1-009)、"生态宜居理念导向下城市老城区人居环境整治及历史文化传承研究"(批准号：2018-K2-004)、北京市社会科学基金项目"宜居理念导向下北京老城区历史文化传承与文化空间重构研究"(批准号：18YTC020)、北京市教育科学"十三五"规划课题"共生理念在历史街区保护规划设计课程中的实践研究"(批准号：CDDB19167)、北京建筑大学未来城市设计高精尖创新中心资助项目"创新驱动下的未来城乡空间形态及其城乡规划理论和方法研究"(批准号：udc2018010921)、"城市更新关键技术研究——以北展社区为例"(批准号：udc2016020100)和中国建设教育协会课题"文脉传承在'老城街区保护规划课程'中的实践研究"(批准号：2019061)的支持。

本书的编写得到了西安建筑科技大学、北京建筑大学、西安高新硬科技产业投资控股集团有限公司、中冶建筑研究总院有限公司、西安建筑科技大学华清学院、中天西北建设投资集团有限公司、昆明八七一文化投资有限公司、中国核工业中原建设有限公司、百盛联合集团有限公司、西安市住房保障和房屋管理局、西安华清科教产业(集团)有限公司等的大力支持与帮助。同时在编写过程中还参考了许多专家和学者的有关研究成果及文献资料，在此一并向他们表示衷心的感谢！

由于作者水平有限，书中难免存在不足之处，敬请广大读者批评指正。

作　者

2020年10月

目　　录

第 1 章　土木工程再生利用基础知识

1.1　再生利用基本内涵

1.1.1　基本概念

1. 土木工程

土木工程起初被定义为“土木工程是建造各类工程设施的科学技术总称，它既指与工程建设涉及的工程材料和设备相关的勘测、设计、施工和保养维修等技术活动，也指工程建设的对象，如房屋、道路、铁路、运输管道、隧道、桥梁、运河、堤坝、港口、电站、机场、海洋平台、给水排水以及防护工程等。”

土木工程的英语名称为 civil engineering，意为“民用工程”。它的原意是与“军事工程”(military engineering)相对应的。历史上，土木工程、机械工程、电气工程、化工工程都属于 civil engineering，因为它们都具有民用性。后来随着工程技术的发展，机械、电气、化工等逐渐形成独立的学科，civil engineering 就成为土木工程的专用名词。

土木工程的范围非常广泛，它包括房屋建筑工程、公路与城市道路工程、铁道工程、桥梁工程、隧道工程、机场工程、地下工程、给水排水工程、码头港口工程等。国际上，运河、水库、大坝、水渠等水利工程也包括于土木工程之中。人民生活离不开衣、食、住、行，其中“衣”的纺纱、织布、制衣等必须在工厂内进行，离不开土木工程；“食”需要打井取水、筑渠灌溉、建水库蓄水、建粮食加工厂、建粮食储仓等；“住”是与土木工程直接有关的；“行”需要建造铁道、公路、机场、码头等交通土建工程，与土木工程的关系也非常紧密。此外，各种工业生产必须建工业厂房，即使是航天事业也需要发射塔架和航天基地，这些都是土木工程涵盖的领域。

2. 再利用与再生利用

再利用是从古建筑保护发展出的一种新的方式，它与传统的古建筑保护的概念既有差别又有联系。再利用是在建筑领域，由于要创造一种新的使用机能，或者是由于要重新组构一栋建(构)筑物，以一种满足新需求的形式将其原有机能重新延续的行为。有时候再利用也会被人称作建筑适应性利用。建筑再利用使得我们可以捕捉建筑过去的价值，对其利用并将其转化成未来的新活力。建筑再利用成功的关键取决于建筑师发现、捕捉一栋现存建筑所具价值及赋予其新生命的能力。从建造这个基本角度来看，人类建造和使用建筑只有两种基本方式：新建和再利用。

新建是在不利用其他既有土木工程所含物质内容(结构、材料、设备等)的前提下，用全新的材料在全新的基地上进行的建造活动；而再利用则是对既有土木工程的再次开发利用，它是在既有土木工程非全部拆除的前提下，全部或部分利用既有土木工程与历史文化内容的一种开发方式。

再生利用属于再利用的范畴，指的是功能上有了崭新的赋予，使原有的旧事物如获得新生般重新焕发生机。其核心思想是在符合社会、经济、文化整体发展目标的基础上为既有土木工程重新赋予新生命。它是在既有土木工程非全部拆除的前提下，全部或部分利用既有土木工程实体，进行改造以满足新的功能，并相应保留其承载的历史文化内容的一种建造方式。再生利用是一个较为广泛的概念，包括了翻新、改造、保护、修复等内容，旨在为既有土木工程赋予新的生命。

3. 土木工程再生利用

土木工程再生利用是将废弃的或闲置的土木工程转变为可用于不同目的和功能的新的土木工程实体的过程。它强调的不是对既有土木工程的装修改造，而是赋予其具有不同功能的二次生命的转变，如厂房变成教室、旅馆、展厅(图 1-1、图 1-2)、餐厅、博物馆等，办公楼变成居民楼等。

图 1-1　北京 798 艺术区

图 1-2　上海雕塑艺术中心

土木工程再生利用是土木工程发展到一定阶段后的必然产物，是满足当前可持续发展方向与生态文明建设理念的必然趋势。随着社会的发展和经济的增长，大量具有时代特色或者历史记忆的老旧建筑、车站码头、道路桥梁等已不能满足当前生活生产的需要，因此“再生利用”就成为处理这些问题的有效途径，土木工程再生利用必然会成为热门的学科方向。

4. 建设指南

随着我国经济发展、产业结构调整，出现了大量废弃或闲置的土木工程。在可持续、可循环、绿色节能、生态安全等主流建设理念推动下，再生利用成为处理这些废弃或闲置土木工程的主要手段之一。但由于缺乏系统的标准、指导和约束，土木工程再生利用项目普遍存在：①盲目开发、不符合土地规划，开发模式选择不合理，缺乏可靠的决策依据；②缺乏针对性的结构检测评定与加固、污染治理等技术指导及适用的检验标准；③项目配套不足、运营能耗偏高、使用舒适度差等问题。因此，推行土木工程再生利用建设指南用以指导项目再生的合理性具有十分重要的意义。

1.1.2　主要分类

1) 民用建筑再生利用

民用建筑是指供人们居住和进行公共活动的建筑。民用建筑按用途可分为居住建筑、办公建筑、商业建筑、居民服务建筑、文化建筑、教育建筑、体育建筑、卫生建筑、科研建筑等。本书主要涉及的是已经建成并经过一定时间使用，且具有一定再生利用价值的民用建筑，如图 1-3、图 1-4 所示。

图 1-3　消防局再生为酒店

图 1-4　学生宿舍楼再生为商务旅馆

2) 工业建筑再生利用

工业建筑指供人们从事各类生产活动的建筑物和构筑物。工业建筑在 18 世纪后期最先出现于英国，后来在美国以及欧洲一些国家开始兴起。苏联在 20 世纪 20～30 年代开始进行大规模工业建设。中国在 20 世纪 50 年代开始大量建造各种类型的工业建筑。本书主要涉及的是经过一定时间使用，最终因为种种原因失去了其原使用功能的工业建筑，如图 1-5、图 1-6 所示。

图 1-5　沈阳市 1905 文化创意园

图 1-6　南昌市太酷云介时尚产业园

3) 特种构筑物再生利用

特种构筑物是指具有特殊用途的构筑物，包括高耸构筑物、海洋工程构筑物、管道构筑物、容器构筑物和核电站构筑物等。本书主要涉及的是经过一定时间使用，最终因为种种原因失去了其原使用功能的水塔(图 1-7)、谷仓(图 1-8)以及其他筒仓类构筑物(图 1-9、图 1-10)等。

图 1-7　水塔再生为学生公寓

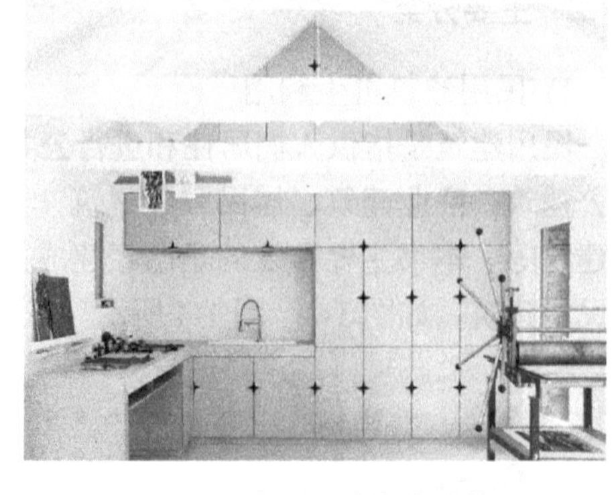

图 1-8　谷仓再生为艺术工作室

图 1-9　筒仓再生为办公楼

图 1-10　料仓再生为展馆

4) 其他项目再生利用

其他项目指除去上述三类建筑外的公路与城市道路工程、铁道工程、桥梁工程(图 1-11)、隧道工程(图 1-12)等，此处所指的再生利用多为翻修、修缮以及其他改造形式。

图 1-11　高架拱桥上新建商业用途空间

图 1-12　火车隧道出口再生为创意空间

1.1.3　主要内容

土木工程再生利用的主要内容贯穿项目的全生命周期，按不同阶段可以划分为前期、中期、后期。前期主要包括开发决策、现状实测和性能评定，中期包括项目设计、项目施工、项目管理和项目验收，后期包括项目维护和项目评价。每个阶段都有各自的工作目标和侧重点，见表 1-1。

表 1-1　土木工程再生利用各阶段内容划分

阶段	前期	中期	后期
内容	开发决策 现状实测 性能评定	项目设计 项目施工 项目管理 项目验收	项目维护 项目评价
目标	选择合适的再生模式，确定投资目标	落实投资目标，制定设计方案，完成施工及验收	维持项目使用功能，进行合理维护并对项目进行评价

1) 开发决策

开发决策是土木工程再生利用成功与否的关键，它决定着整个项目的发展方向和功能定位，也影响着项目的开展及后期效果。开发决策时须结合项目所在地的自然、经济、社会情况等因素，分析再生利用价值，以适应发展需求并满足再生目标。

2) 现状实测

现状实测是对土木工程所在区域进行测量并绘制成图的过程。通过对区域及工程实体现状的精确实测，为再生利用后续工作的开展提供图纸依据。因此现状实测是后期进行区域规划设计和单体设计的依据。

3) 性能评定

性能评定是参照国家现行的相关标准规范，对土木工程实体结构现状进行调查和检测，通过分析和校核，对其性能进行等级评定，为后期再生利用结构设计提供依据。

4) 项目设计

项目设计是采用一定的设计理念和相应的技术手段，对再生利用项目进行合理设计，不仅能够满足再生利用后的功能需求，而且能够使再生利用后的工程实体与周围环境相协调，并能够达到节约资源、保护环境的目的。

5) 项目施工

项目施工是指根据设计图纸，运用各种施工工艺、技术和方法进行项目建设实施阶段的生产活动，最终完成再生利用项目的各项施工任务。

6) 项目管理

项目管理是指运用系统的观点、理论，以及现代科学技术手段，对项目进行计划、组织、安排、指挥、管理、监督、控制、协调等全过程的管理，目的是保证项目的正常有序推进。

7) 项目验收

项目验收是依据勘察、设计图纸、合同及相关政策法规等，针对再生利用对象，核查其各项工作或活动是否按阶段完成，交付成果是否满足相应的规划、设计要求等。

8) 项目维护

项目维护是通过健全的管理制度、先进的管理技术等手段，对投入使用的再生利用项目进行有效的管理，以保证项目的正常使用，并能够最大限度地减少资源、能源的消耗，维持健康舒适的环境。

9) 项目评价

项目评价是在结合再生利用项目特点的基础上，对再生利用项目全过程的实施情况做出科学的判断和评价，其主要作用在于判断从策划、实施到运营整个过程中的项目情况，实现项目的正常运行并保证项目长期健康发展的态势。

1.2　再生利用基础理论

1.2.1　可持续发展理论

“所谓可持续发展，是既满足当代人的需要又不对后代人满足其需要的能力构成危害的发展。”这是挪威前首相格罗·哈莱姆·布伦特兰夫人当时作为世界环境与发展委员会(WECD)主席提出的可持续发展的定义。虽然关于可持续发展的含义有众多不同的理解，但这个定义是被国际社会所普遍接受的。可持续发展概念的酝酿、形成，直到渗透社会发展的各行各业，经历了比较漫长的过程。伴随着一次又一次的工业革命，工业生产的进步引领着人类社会空前的发展脚步。随着人类“改造”自然的能力不断提高，人和自然的矛盾也逐渐激化，在每一次与大自然的搏斗中，人类取得胜利的同时，必会以惨重的生态破坏为代价。

土木工程再生利用可从以下几个层面体现项目的可持续性。

1) 经济层面的可持续性

在土木工程再生利用的过程中要保证其经济层面的可持续发展，一方面，应做到以最小的成本取得最大的经济效益，这个成本不仅指的是传统意义上的人力、物力、财力，而且包含了社会公共资源以及生态环境资源等，所以要实现所谓的“最小成本”，尚应在保证土木工程再生利用质量和安全的前提下，尽可能避免对社会和谐稳定的影响和对生态环境的污染或破坏；另一方面，土木工程再生利用经济效益持续增长能够促进区域社会和生态环境的可持续发展。因此，改进区域经济的固有模式，将经济发展与社会稳定和环境保护有机结合，实现区域经济、社会、环境相互协调的可持续发展模式。

2) 社会层面的可持续性

要保证土木工程再生利用项目社会层面的可持续发展，也应从两大方面着手。一方面，消除项目参与各方(地方政府、原所有者、投资方等)的利益冲突，实现参与各方利益共赢的局面，以“社会公平”达成“利益平衡”；另一方面，土木工程再生利用项目的开发能够促进区域整体环境的改善，如增加当地的就业岗位，增加周边的公共配套设施，改善周边的公共卫生环境，提升区域文化发展等，最终实现区域社会共荣的局面。

3) 环境层面的可持续性

土木工程再生利用环境层面的可持续性主要是指项目及周边生态环境的可持续发展。在当前城市居住人群不断扩张而自然资源有限的情况下，要实现生态环境的可持续发展，应至少保证土木工程再生利用项目开发符合当地的生态环境承载力，并应尽可能提高项目及周边生态环境的承载力。所以，在土木工程再生利用项目开发过程中，应减少对自然资源的消耗，增大对可再生资源利用的投入比例，建设及使用过程中应采取降低环境污染或破坏的措施等。

4) 技术层面的可持续性

土木工程再生利用技术层面的可持续性主要体现在技术的创新与进步，可以有效促进经济、社会和环境层面的可持续发展。通过利用可循环或可再利用的建筑材料技术、使用绿色施工技术以及采取建筑节能措施等，可提高自然资源的使用效率，减少资源的浪费，进而提高项目的经济效益水平和降低对生态环境的破坏。另外，在项目实施阶段采取创新型管理制度以提高项目建设的效率，保证人力、物力、财力的合理配置，减少浪费，也是可持续发展在土木工程再生利用技术层面的一种体现。

可以看出，土木工程再生利用在经济、社会、环境、技术四个方面既相互促进又相互制约，项目在某一方面出现问题，必然带来其他方面的连锁反应。所以，在项目开发过程中一定要注重其在经济、社会、环境以及技术方面的统一平衡。另外，土木工程再生利用在技术上的创新和进步有助于可持续发展在经济、社会和环境层面的突破。

1.2.2　绿色发展理论

人类建筑发展阶段可根据其先进化程度和可持续化程度划分为遮风挡雨建筑、传统建筑、节能建筑和绿色建筑四种，如图 1-13 所示。在大规模普及绿色建筑的时代背景下，绿色再生成为土木工程再生利用的主要趋势之一。

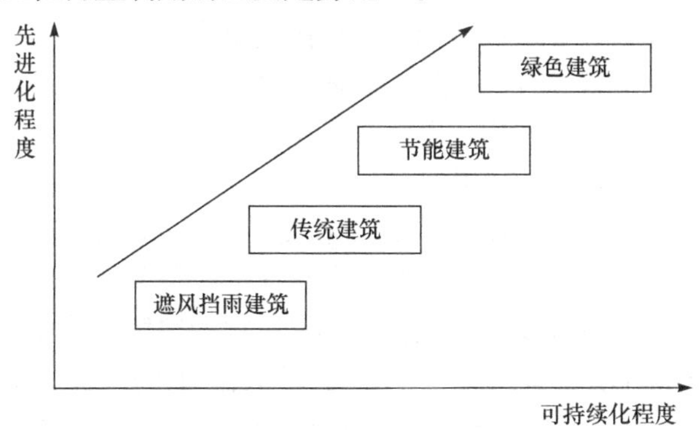

图 1-13　人类建筑发展阶段划分

绿色再生，即在满足新的使用功能要求、合理的经济性的同时，最大限度地节约资源、修复并保护环境，为人们提供安全、健康、适用、具备一定文化底蕴的使用条件，与社会及自然和谐共生的再生方式。从 2008 年“绿色奥运”的提出到 2010 年“绿色世博”的兴起，丰富多彩的再生利用形式为土木工程的开发注入了新的生机。上海在城市发展过程中起着模范带头作用。从国内首座由旧工业厂房改建的“三星绿色建筑”——世博会城市未来馆，到国内首个由废弃的工业建筑改建成的以绿色节能为主题的大规模创意产业园——花园坊节能环保产业园，上海以其丰富的案例展示了绿色建筑改造已经逐步渗入到土木工程再生利用中的基本趋势，使原本废旧的工业建筑从其土灰色的主色调中焕发出绿色生机。

与推倒重建相比，土木工程的再生利用可以减少大量的建筑垃圾以及垃圾不可降解对环境造成的污染。据统计，全世界的固体垃圾，35%来自建设工程，其中包括建设施工过程以及为生产建筑材料所进行的生产工艺过程。旧建筑的再生利用可减少新建筑材料所释放的 SO、NO、甲醛等有毒气体。研究表明，全球每年排出的温室气体中有 1/3 来源于建筑的整个生命周期。因此，要减少建筑从建造、使用到最终解体的整个生命周期的温室气体的排放量，最主要的是延长建筑的生命期限。此外，土木工程的再生利用还可减轻施工过程中对城市交通、能源(供水、供电等方面)的压力，可避免土木工程拆除过程中产生的大量尘埃和噪声等。再生利用作为一种效用显著的环保手段，成为绿色时代处理土木工程的必然。

1.2.3 循环经济理论

1965 年波尔丁提出“循环经济”。循环经济指通过在生产、使用过程中对资源进行有效循环利用，减少各种废弃物排放，把粗放式消耗利用转化为生态循环利用，从而实现经济、社会与环境的可持续发展。循环经济将传统模式下的“资源→产品→废弃物排放”的开环式经济转化体系转变为“资源→产品→废弃物→再生资源”的闭环式经济转化体系，将传统的思维模式、生产方式和处理途径做了改变，从而以可持续发展为前提逐步实现“微排放”或“零排放”的资源合理利用。

循环经济要求全社会重视资源、保护环境、实现资源再生利用。20 世纪 90 年代，联合国提出可持续发展战略，建筑可持续、绿色化建筑由此发展起来。在可持续发展的思想指导下，未来建筑业会被要求按照无废弃物排放模式生产，要求对自然资源及生产消耗过程中产生的废弃物实现综合、有效、循环、再生利用。建筑业发展过程中，所有的材料要求被重复、循环、合理利用，以此降低经济行为对自然环境的负面影响和破坏，这也是可持续发展的最大障碍——资源与环境污染。循环经济遵循 3R 原则，即减量化(reducing)、再利用(reusing)、再循环(recycling)原则，这一原则具有实际可操作性，把传统经济的“资源→产品→废弃物排放”的单向直线过程做了进一步循环利用，节省了资源，创造了财富，减少了废弃物的排放，对环境资源的破坏也减少了。循环经济的目的是以最小的资源消耗和环境成本，获得最大的经济效益和社会效益，从而使自然环境与社会可持续发展相结合，促进人类与自然环境和谐发展，实现资源可持续利用。

大幅度提高自然资源生产率是循环经济与传统经济的不同之处。在传统经济模式中，经济发展的目标主要是提高劳动生产率和资本生产率，与其对应的科技和体制的重点是节约劳动和资本、大量地消耗资源和环境。而循环经济模式则与前者相反，经济发展的目标是大幅度提高自然资源生产率，科技和体制的重点是节约资源和环境成本，但要尽可能地利用劳动。对于废弃物的利用而言，关注的重点是降低环境成本和增加利用过程中劳动力所创造的附加价值，其实现方式主要有三种：其一，要减少废弃物利用对自然资源的消耗，即应实现废弃物就地利用或就近利用，减少长途运输、耗能等不经济的利用方式；其二，要追求产品本身的技术设计效率，应尽量通过设计的构思，为人们提供一种最为合适的废弃物利用方式，这种方式能够通过尽量多的人工附加服务及尽量少的资源和能源的损耗实现废弃物的增值利用；其三，要通过设计和施工控制来增加废弃物的再生利用率和再生利用频率，以此来减少不可再生资源的使用。

1.3　再生利用发展趋势

1.3.1　发展模式

1. 功能模式分析

我国在进行土木工程再生利用时，再生模式主要有创意产业园、博物馆、展览馆、商业场所、公园绿地、艺术中心、学校、办公楼、住宅楼、宾馆等。再生利用项目因突破常规的艺术空间特质与创意产业的创新精神不谋而合，顺其自然地成为创意产业的空间载体，同时相关政策也进行了一定程度的支持，因此，我国再生利用项目的再生模式以创意产业园居多，并得到了较好的使用效果和经济效益。

此外，对于体量大且占地面积广的再生利用项目，结合城市建筑密度大、绿地率低的现状，对闲置的建筑群等进行适当的改造，打造环保主题公园也成为土木工程保护和利用的新趋势，如广东省中山市原粤中造船厂再生为中山岐江公园、成都市原成都红光电子管厂再生为东郊记忆、无锡市原纸业公所再生为江尖公园等，如图 1-14～图 1-16 所示。此外，美国纽约市混凝土厂公园也是既有土木工程再生为城市绿地主题公园的典型案例，如图 1-17 所示。

图 1-14　中山岐江公园

图 1-15　东郊记忆

图 1-16　江尖公园

图 1-17　混凝土厂公园

2. 投资主体分析

最常见和最为有利的开发模式是以国际通行的 BOT 方式进行政企合作，主要由项目使用权所有者同拥有足够资金与相关改造运行经验的开发商联合开发。一方出地，一方出资购得一定年限的经营收益权，超过年限后原产权所有人重新拥有经营使用权。这样既避免了原产权所有人资金不足、开发商经验不足的弊端，又为相关投资人创造了优质的投资平台，有效助力了既有土木工程的优质再生。

另一种常见模式是自下而上的开发模式，早期土木工程的再生利用多采用这种模式。尽管产业已经基本停产或工程多已闲置，但是企业没有宣告破产，仍需要一定的资金维持员工收入。企业主体大多自行投资改造，形成一种"以租养员"的经营模式，如苏州合壹艺术区。这种改造模式因为投资额的限制、相关决策管理经验的缺乏，往往不能得到妥善而全面的规划和实施。企业通常依靠低廉的租金吸引商户，虽然有一定的入住率，但是由于与城市规划的冲突和对城市形象的影响，往往难逃升级改造甚至是被推倒拆除的命运。

再者，对于破产拍卖的企业，由资金充足的收购主体出资收购并进行再生利用也是一种常见的开发模式，如陕西钢铁厂的改造。此类投资方式主要根据投资人的使用需求进行适应性改造，最大限度地迎合投资主体的功能缺口，在改造后利益的驱使下，能得到不错的改造效果。

1.3.2 发展瓶颈

针对国内再生利用项目进行调研，结合对相关政府机构以及建设单位、设计单位、施工单位、监理单位、咨询公司和使用者等的座谈访问，发现我国土木工程再生利用项目在决策、实施、使用过程中仍存在着一些问题。特别是在规划设计中，不少项目存在发掘再生价值不充分、再生成本偏高、配套设施不齐全等问题，见表 1-2。

表 1-2　我国土木工程再生利用项目存在的问题分析

问题	原因分析
再生模式不合理	再生时未能根据土木工程的特点、区位环境等因素选择最优再生模式
再生成本偏高	再生中未能充分利用既有土木工程的结构和材料；设计不合理、过度装修
保护与利用不足	再生中未能保护既有土木工程的历史价值，只是简单进行功能改造，未进行合理装饰、装修，构件老化、污染遗迹等影响美观；再生时装饰未能充分利用既有土木工程的特点，采用大量装饰构件遮蔽既有构件，再生风格怪异；使用不当造成外观及结构的破坏
配套设施不齐全	既有土木工程配套设施的缺失在再生过程中未得到充分考虑，或结构构造限制，导致卫生间、停车位、道路路灯等配套设施设置不齐；普遍忽略了无障碍设计，未设置电梯，存在一定程度的使用不便
能耗高	再生过程中，保温隔热层及室内构造改造不当，对于大体量建筑，室内散热较快，冬季需更多能耗保证室内温度；另外，土木工程的主要再生模式为出租型的创意园区，运营中产生的能耗费用一般按面积摊派给用户，因此节能积极性较差

续表

问题	原因分析
建材利用率低	部分经检测仍具有结构可靠性的构件被拆除，原有建材未得到充分利用；可被循环利用的材料未得到有效再利用
物理环境较差	由于既有土木工程对保温隔热、通风照明的要求特殊，往往不能满足再生后的功能要求；当构造特殊、空间层高较高时，保温效果差
室外环境较差	周边环境差；绿地率低；对原有林木保护不足

因此，亟须通过建立科学合理的土木工程再生利用理念、思路和方法，提升土木工程再生利用的效果，最大化挖掘既有土木工程的再生利用价值，使土木工程从原本灰暗沉重的格调中，涅槃重生为城市中绚烂的一抹色彩。

1.3.3 发展前景

1. *建设层面的发展趋势*

过度保护不仅会削弱城市土地利用计划，使土木工程再生利用机会与人们的主观意愿背道而驰，而且无法为土木工程遗存空间寻找到恰当的价值实现载体，将在损害既有土木工程历史文化之外，使市场运作面临更大的风险。早期对既有土木工程的保护与利用，由于经济效益不好，很难维持良好运营状态。随着相关项目的再生和运营经验的丰富，以及人们对再生利用的意义和方法认识的不断深入，如今在强调保护的同时，还要能发挥其价值，获得使用价值和经济价值的双赢，更好地发挥既有土木工程的余热，确保既有土木工程得到妥善维护。目前大多再生利用与新建相结合的方式可提高容积率，结合土木工程所在区位选择运营利益最大化的再生功能，可以有效地提高经济效益。

2. *政策层面的发展趋势*

土木工程再生利用作为节约资源、发挥固定资产价值的重要手段，在倡导建立节约型社会的今天，已代替大拆大建的急躁局面，成为处理既有土木工程的重要手段。既有土木工程因具有风格独特、结构坚固、历史文化价值突出的特点，其保护与利用工作的推广是当今社会形势下的必然趋势，政府应在政策层面上强调其再生利用价值，保障既有土木工程的保护与再生利用工作的顺利开展。

思　考　题

1-1. 土木工程的定义是什么？
1-2. 再生利用的意义是什么？
1-3. 土木工程再生利用的内涵是什么？
1-4. 土木工程再生利用的分类包括哪些？

1-5. 土木工程再生利用的内容包括哪些?

1-6. 可持续发展理论的内涵是什么?

1-7. 循环经济遵循的原则有哪些?

1-8. 简述土木工程再生利用的发展模式。

1-9. 简述土木工程再生利用项目目前存在的问题。

1-10. 简述土木工程再生利用的发展前景。

参考答案

第2章　土木工程再生利用开发决策

2.1　开发决策基础

1. 基本内涵

开发决策是指人们在一个项目开展之前对其可行性、开发目标与开发模式进行探索、判断与抉择的过程。首先对既有条件进行理性分析，并以此为基础研究科学的决策方法与程序，分析决策个人、群体和组织的决策行为，明确项目的可行性与实现策略。开发决策是一个动态的、不断修正和调整的过程。

土木工程再生利用开发决策是指相关决策者按照国家规定的建设程序，根据工程现状与宏观投资的规模、方向、结构、布局及有关方针政策，在区域发展和市场需求研究的基础上，分析影响再生利用项目开展的关键要素，最终确定再生利用项目的目标和方向。

2. 主要内容

土木工程再生利用开发决策是项目开展的基础，开发决策的合理与否直接影响再生利用项目的开展及后期效果等。土木工程再生利用开发决策的主要内容包括环境要素分析、空间安全分析、再生利用价值分析。

1) 环境要素分析

土木工程再生利用项目的外部环境主要分为自然环境、社会环境、人文环境三个部分，通过分析以上三个因素对于项目开展的影响与作用，引出多样环境中开发决策的方法与策略。

2) 空间安全分析

土木工程再生利用项目中，空间安全是影响开发决策的重要因素，主要包括场地安全、建(构)筑物安全和生态环境安全。

3) 再生利用价值分析

土木工程再生利用价值包括土木工程本体的价值与再生利用项目开展后所带来的增值，一般分为投资价值、文化价值、生态价值与社会价值四个方面。在开发决策时应对土木工程再生利用价值进行综合分析，以确定项目的可行性。

3. 工作流程

土木工程再生利用开发决策的基本流程如图2-1所示。

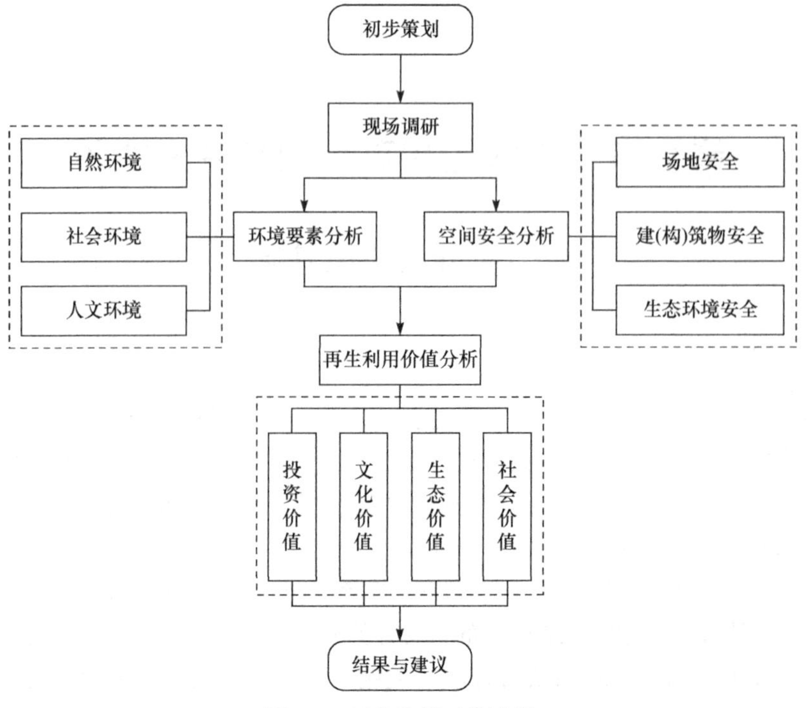

图 2-1 开发决策工作流程

2.2 环境要素分析

2.2.1 自然环境

自然环境是指人类生存和发展所依赖的各种自然条件的总和，自然环境不等于自然界，它只是自然界的一个特殊部分，是指直接和间接影响人类社会的那些自然条件的总和。随着生产力的发展和科学技术的进步，会有越来越多的自然条件对社会发生作用，自然环境的范围会逐渐扩大。在进行再生利用时，我们需要对土木工程所在区域的外部环境以及内部生态环境有无破坏进行调研。同时也需要注重地形地貌、气候、水体、土壤、生物资源等自然要素对建筑的影响(表 2-1)，从适应自然环境的角度出发，降低自然环境风险。在项目开发决策前期需要由专业技术人员根据相关规范及标准对自然环境进行综合评估。

表 2-1 自然要素对建筑的影响

自然要素	主要内容
地形地貌	地形地貌是地球表面由内外动力相互作用塑造而成的多种多样的外貌或形态。在土木工程再生利用中，需要尊重项目所处地区的地形地貌，迎合周围的环境，并且对其环境加以利用。对于一些场地高度落差较大的项目，需要合理利用地形对其进行呼应，充分利用地形能够凸显建筑的特点，更加能够吸引人们注意，满足人们的审美需求，也能够突出建筑自身的落差感，和周围环境融为一体
气候	气候是一个地区在一段时期内各种气象要素特征的总和，它包括极端气候和平均天气。气候也是影响土木工程最稳定的因素，无论何地的土木工程都会表现出强烈的气候特点

续表

自然要素	主要内容
水体	水是最为活跃的自然元素，它的生态功能是人类和生物的生存和健康不可或缺的元素，也是项目景观环境规划设计中最为重要的因素。在土木工程再生利用中，充分结合既有的水资源，考虑好它对环境温度和湿度的影响以及水体对建筑物结构安全的影响
土壤	土壤质地受到地域分区的影响而形成不同种类，包括沙土、壤土、黏土，项目区域自然环境中的建筑物、构筑物和植物的布置位置、布置方式及工程造价都会受到土壤质地的影响。在土木工程再生利用中，要考虑好土壤的生态性以及土壤的承载能力等因素，保证土木工程再生利用的安全性
生物资源	生物资源是在社会经济技术条件下人类可以利用与可能利用的生物，包括动植物资源和微生物资源等。合理利用生物资源可以有效地促进场区资源循环，形成小的生物圈，促进自然环境的循环。例如，合理种植的植被可以生产氧气、吸收二氧化硫和二氧化碳等气体，创造舒适宜人的景观环境

近年来城市环境质量的下降、污染的增加也使人们对于环境生态给予了更多的关注。自然环境是土木工程再生利用的基础，创造健康、舒适的空间环境是项目开展的生态目标。在生态可持续思想的指导下，应当以维护城市及周边地区的环境生态为原则，在实践过程中保证自然环境及生态系统的和谐稳定。

2.2.2 社会环境

社会环境建立在自然环境的基础上，是人类通过长期有意识的社会劳动，加工和改造的自然物质、创造的物质生产体系、积累的物质文化等所形成的环境体系，它是与自然环境相对的概念。与自然环境不同，社会环境是人类活动的产物，有明确、特定的社会目的和社会价值，会伴随和影响着人类的社会生活。

社会环境一方面是人类精神文明和物质文明发展的标志，另一方面随着人类文明的演进而不断丰富和发展。社会环境对土木工程再生利用的影响主要包括政策法规的影响、区位优势的影响、经济环境的影响等因素，它不仅影响着项目的开展，甚至决定着项目的经济效果。

政策法规对项目的影响往往是起促进作用的。按照以往的经验，开发商为了自身的利益，对一些土木工程往往采取拆除重建的方法，这样不仅使得原建筑失去了其剩余价值，造成了建筑资源的浪费，产生了环境污染，也会对当地的社会秩序产生影响。例如，2020 年，国务院办公厅印发了《国务院办公厅关于全面推进城镇老旧小区改造工作的指导意见》，提出全面推进城镇老旧小区改造工作，满足人民群众美好生活需要，推动惠民生扩内需，推进城市更新和开发建设方式转型，促进经济高质量发展。这使得全国各地纷纷进行老旧小区的改造工作，不仅使得原建筑再生利用，也推进了相邻小区及周边地区的联动改造，加强了服务设施、公共空间共建共享，加强了既有用地集约混合利用。

区位优势对项目的影响往往体现在其后期的使用效果上，考虑土木工程再生利用现有目标使用人群及人流分析的情况，了解项目周围的常住人口为多少，有多少不同的消费群体，消费群体的消费需求以及经济基础如何等，也决定了项目的再生利用模式设计以及后期收益预测等情况。

经济环境是指构成项目存在和发展的社会经济状况和国家经济政策，是影响项目存在和发展的重要因素。经济环境所隐藏的再生风险比较复杂，一部分可以实时监测并加以分析，如经济走势、城市发展规划以及市场需求等。然而仍有一部分因素不能或难于定量计算，如区域环境对项目实施的接纳度、项目实施对区域发展与稳定的影响以及项目建成后的实际效益等。工程项目按项目的经济效益可划分为竞争性项目、基础性项目和公益性项目三种。由于再生利用项目的特殊性，其对应的经济特点和环境需求也有较大差异。因此，应结合项目自身的特点及其经济环境，综合分析项目可能面临的经济风险，及时做好市场调研及可行性分析，选择合适的模式及时机对项目进行再生利用。

再生利用项目涉及国家、地方等各层次的发展目标，不仅应顺应国家的政策支持，还应该适应当地的经济发展、居民的生活水平。虽然各层次的社会发展目标有其相同之处，但也各有侧重，因而需分别从国家、地方等不同层次分析再生利用项目的经济目标与预期收益。

2.2.3　人文环境

人文环境是指人为活动所创造的综合环境，主要包括共同体的态度、观念、信仰系统、认知环境等。如果说经济环境主要针对生产，那么人文环境主要就是为生产服务。区别于建筑的物质环境，可以将建筑之间的关系以及建筑与人之间的关系称作人文环境。

土木工程是一定历史时期人类特定生产方式的物质体现，是人们生活经历的一部分，拥有特定的历史价值和社会价值。例如，在制造、工程和建筑业方面，其蕴涵着丰富的技术与科学价值，对于具有特别保护意义的土木工程，再生利用项目还有利于保留文化特色。经过历史岁月的沉淀，很多土木工程保留了独具特色的环境和场所。对有部分规划、设计精良的建筑进行研究时，还可以发现其独特的审美价值与区域记忆，这是超越物质价值之外的精神价值。因此，在进行改造设计时，每一个建筑师都应尽可能地保存并合理运用这些历史保留下来的元素，保留和尊重这些没有设计师的设计，这既是对于历史文脉与记忆的传承，也是塑造场所个性的重要手段。

所谓“诗意地栖居”，其中的韵味绝不仅仅是温饱或小康所能囊括的，除了物质的需求，人们还需要精神层面的满足感。城市的进步也不能仅以经济增长的尺度来衡量，而应该以城市的成长，以其质量与和谐程度来考虑。再生利用所保存的城市记忆，是社会生活多样性必不可少的一部分。

实践已经证明，大城市尤其是特大城市，不适合以单个中心为基点向外“摊大饼”的发展模式，而应该采取基于多个副中心的网络状模式。老旧城区的建设发展作为城市网络中的一环，同样不应该是单一功能区域，而要更多地考虑其综合的城市功能，将工作于此的人们留住。土木工程再生利用就是需要这种人文环境的存在，才能称得上具有完备的再生利用价值。

2.3　空间安全分析

土木工程再生利用空间安全指的是土木工程本身及其所处空间环境满足安全共生和使用功能，不因不利因素而损坏的状态。空间安全分析的主要内容包括场地安全、建(构)筑物安全和生态环境安全。

2.3.1　场地安全

场地一般是指工程群体所在地，它是满足功能展开所需要的区域，可以是厂区、住宅区、商业区等。理论上，对每一块场地，都有一种理想的用途；反过来，对每一种用途，都应有一块理想的场地。场地具有综合性、渗透性，以及场地功能的复杂性。

场地具体来说应包括：①场地的自然环境，包括水、土地、气候、植物地形、环境地理等；②场地的人工环境，即建筑空间环境，包括周围的街道、人行通道、要保留的周围建筑、要拆除的建筑、地下建筑、能源供给、市政设施导向和容量、合适的区划、建筑规则和管理、红线退让、行为限制等；③场地的社会环境、历史环境、文化环境以及社区环境、小社会构成等。因此保障场地安全是开展土木工程再生利用的基础。

2.3.2　建(构)筑物安全

建筑的安全性体现在建筑防灾、结构安全和设备安全三方面。

1) 建筑防灾

随着国民经济的迅速发展，土木工程建设日新月异，特别是大量高层建筑的出现，大大改善了城市景观和人民的居住条件。但建筑灾害也随之呈上升趋势，恶性事故时有发生，给人民的生命财产安全带来了很大的危害，建筑防灾刻不容缓，势在必行。发生频率较高的灾害属地震与火灾，因此在进行土木工程再生利用时把建筑防灾(如防火和防震)放在突出位置。

2) 结构安全

结构安全指的是建筑物防止破坏以及倒塌的能力，也就是结构的承载能力、牢固性和耐久性，它是进行土木工程再生利用前需要考量的最重要的指标。

(1) 结构承载能力。结构承载能力主要是对结构构件承载能力的安全性评定，主要包括两方面的控制：一是建(构)筑物结构最初的设计工作以及施工过程中的质量控制；二是建筑物在使用中的维护、检测工作。

(2) 结构牢固性。目前结构牢固性已经成为影响建(构)筑物安全的主要因素，引起了建筑行业的广泛重视。虽然部分结构的牢固性差并不会对整体结构造成严重的危害，但是一旦发生事故，局部的不稳定就极有可能造成整体结构的安全性受损。

(3) 结构耐久性。在建(构)筑物整个生命周期中，要使其能够在规定的年限中发挥正常的使用功能，应综合考虑湿度、温度、雨水、有害物质的侵蚀等外界环境因素对结构耐久性的影响。应正确认识到土木工程结构耐久性的必要性，真正提高建筑结构的安全性。

3) 设备安全

建筑设备指所有适用于建筑的技术措施，包括经营场所和公共场所的能源(采暖、照明)和供应(水、空气)或废弃物排放(污水、垃圾)，其目的是提供建筑物的正常使用和必要的安全性保证。因此设备安全也是保障再生利用空间安全的重要方面。

2.3.3 生态环境安全

城市和建筑的生态环境是一个开放的系统，它要考虑资源的高效利用、环境和谐、经济高效、发展持续等问题，最终形成一个经济、社会和自然的和谐统一系统。

土木工程再生利用是一项对生态环境有益的环保举措。在再生利用中积极地引入生态和节能技术，充分利用自然环境中的水、气和能源等元素，走出一条可持续发展道路。

(1) 水系统。生态建筑的水系统中设立将排水、雨水进行处理并重复利用的中水系统。还可以将用于水景工程的景观用水的一部分采用中水系统给水。用水设施尽量要推行节水型器具，以节约水资源。

(2) 气系统。气系统包括建筑内气系统、建筑外气系统和通风换气。建筑外空气质量要求达到二级标准。在建设过程中，要避开空气污染源。不同的建筑物和不同楼层之间的排气系统要避免相互影响。建筑内在结构设计、窗户设计等方面要实现自然通风，卫生间应具备通风换气设施，厨房需设有烟气集中排放系统。

(3) 能源系统。能源系统不仅包括电、燃气、煤等，还包括自然能源，如太阳能、地热能、风能等。以太阳能为例，通过对建筑空间墙体设置蓄热墙或保温隔热的外围护结构，充分吸收太阳热量，冬季能使室温升高，夏季则可通过特定的孔道形成热对流，促进凉爽气流的循环，达到降温目的。充分利用太阳能既可减少对常规能源的使用，又不会产生污染，太阳能采集装置架设也方便简捷。

2.4 再生利用价值分析

2.4.1 投资价值

1. 基本内涵

土木工程再生利用投资价值是指具有明确投资目标的不确定性投资所带来的隐形价值。其具体是指：我国现有的土木工程在城市区位、空间结构、文化底蕴等方面存在一定尚未发掘的潜力，在进行合理开发的基础上，有产生一定的经济效益的可能。

土木工程再生利用项目是在市场经济规律的前提下，根据以人为本的思想创造出全新的、迎合现代人需求的工程项目，在保证居民的居住和原有城市经济发展的前提下吸引新的商机，实现一定的经济目标。投资价值方面主要考虑建设规模、投资成本、投资收益三个方面。对建设规模进行综合评定，有助于对投资进行较为准确的预算。投资成本评定主要是对土木工程再生利用项目的成本进行预估的综合评定。在进行投资价值分析时，还应根据投资项目的具体情况把握整体投资情况，使投资收益最大化。

土木工程再生利用项目应在总体规划的指导下，按照统一规划、合理布局、因地制宜、综合利用、配套建设的原则进行再生利用模式选择，合理重构空间。在对土木工程再生利用项目投资决策时，应在满足空间安全要求的基础上，节约投资成本，明确投资收益。

2. 影响因素

投资价值的影响因素主要从建设规模、投资成本和投资收益三方面进行考虑。

1) 建设规模

由于土木工程再生利用项目较为复杂，不可避免地造成资金繁多、投资额较大，因此应对建设规模进行合理判断，即对建筑规模和投资规模进行综合评定，有助于对投资进行较为准确的预算。再生利用过程中应考虑建设规模的合理性，在进行投资价值分析时，应根据实际投资项目的具体情况，借助项目数据，如容积率、绿地率等基本指标，进行投资的预估，并编制投资估算文件；充分考虑政治因素，满足国家或地方相关政策和资金扶持条件；对投资收益进行相关预算，整体把握投资情况，使得投资收益最大化。对土木工程再生利用时，应修旧如旧，尽量保护原工程的外貌特征和历史价值。投资规模应从整体把握，充分考虑节约成本的因素，编写投资估算文件。

2) 投资成本

土木工程再生利用前应对投资成本进行预估，预估投资成本时应充分考虑是否满足国家或地方相关政策和资金扶持条件，同时合理控制自有资金占有比例；还应充分考虑是否能够充分利用原有建筑、管网、道路等既有资源，以减少再生利用成本。与一般建筑项目相同，影响再生利用项目投资成本的主要因素有工期、人员、材料、机械、设备价格变化、管理水平及相关政策的调整等。但由于土木工程再生利用项目以既有土木工程为依托，其成本还受到项目定位、性能评定与加固改造等的科学合理性的影响。

3) 投资收益

投资收益分析是对再生利用项目可能产生的直接收入和潜在收入进行预估的综合分析，投资收益分析应根据项目拟选择的再生利用模式进行预测。项目的投资收益分析应当是全面的、综合的，既要考虑其综合经济效益，也应考虑其综合社会效益；要站在投资者的立场研究项目投资带来的收益，也要关注项目建设对宏观的国民经济发展的影响。

2.4.2 文化价值

1. 基本内涵

土木工程再生利用文化价值是指通过再生利用体现出的土木工程全生命周期内的有形和无形价值，包括建筑文化价值、工艺文化价值、人本文化价值、企业文化价值、创新文化价值、绿色文化价值。

1) 建筑文化价值

建筑本身就是一种文化，该种文化的价值是社会文明价值，是建筑的格调和责任，是社会总的生活模式、生活水平和生活情趣的写照。土木工程再生利用过程中应充分挖掘和传承建筑文化价值，记录和见证人类文明的发展和美好生活。

2) 工艺文化价值

工艺文化保护是维持民族向心力和凝聚力的保证，是实现中华民族伟大复兴的前提。工艺文化记录了生活的变迁，从晨曦到日暮，或工作或休息，一砖一瓦，一食一味。从石器时代到工业时代，从传统手工艺到机械工艺，每一件工艺品、每一种工艺文化都记载着特定历史时期的工业活动和生产生活信息，这些信息对于了解生产生活文脉的起源、发展、转型等方面的内容，具有不可替代的作用。因此将工艺文化赋予土木工程再生利用之中，有着深远的社会意义。

3) 人本文化价值

土木工程经历沧桑变化后，通过对土木工程元素的承载和时代记忆的塑造，使其沉淀下来的企业或工人的精神和情怀得以传承、延续。其中标语、雕塑、场景等都是土木工程再生利用人本文化价值的体现。

4) 企业文化价值

将土木工程在早期运行过程中或企业辉煌时期，所流传下来的核心价值观、企业精神、企业制度等，同土木工程再生利用同时进行转型升级，可以使转型后的企业得到强有力的文化支撑，也使得再生利用后能够保留历史记忆。

5) 创新文化价值

新元素、新理念、新路径、新技术的植入成为土木工程再生利用的新途径。创新文化可以表现在对再生利用模式的选择、命名形式的创新以及设计表现的创新等方面。土木工程再生利用创新文化的传承不仅是时代发展的要求，也是自身发展的结果。

6) 绿色文化价值

人类通过效仿绿色植物，取之自然又回报于自然，实现大自然的平衡，实现经济环境和生活质量的相互促进与协调发展。

2. 影响因素

文化价值的影响因素主要从设计理念和文脉传承两方面进行考虑。

1) 设计理念

土木工程再生利用设计理念建立在“文化空间”实体要素的基础上，它对应于土木工程有形文化中的物质文化，是承载人类文化活动的空间结构节点，因此它必然对应着某一具体的建筑景观、建筑造型、空间形态或一定的既有环境。文化空间既是土木工程再生利用的基础要素，也是文化资本得以循环与增值的场所，因此其本身是“空间意义阐释”与“文化价值生产”的复合体。

2) 文脉传承

文脉传承主要受文化活动、文化意向两方面的影响。文化活动是土木工程再生利用后在结合新功能与文化价值的前提下展开的活动，意在通过一系列的活动展示土木工程再生利用的前世今生，同时通过新功能进行相关的宣传活动，从而达到传递文化价值并为新功能增加运营多样性的目的。文化意向是文化价值的主要要素，赋予人们特定的身份认同，它对应于无形文化中的精神文化，具象为土木工程再生利用后个体在文化空间内与场所产生的情感维系与潜在记忆。

2.4.3 生态价值

1. 基本内涵

土木工程再生利用生态价值是指在满足新使用功能的前提下，最大限度地尊重自然、顺应自然和保护自然环境及其要素的自在价值、使用价值和审美价值。

土木工程再生利用生态价值的研究目的有两个方面：一方面，促进土木工程的生态化，使其与人、社会、自然协调发展，完善土木工程生态系统的结构和功能，从而最终实现人与自然的和谐发展；另一方面，减少新建土木工程对原有生态系统的破坏，力图促使被破坏的自然生态系统得到恢复，充分利用既有的材料、能源和土地等资源，使再生利用的土木工程与其周围环境协调一致，在满足人类生存发展需要的同时，也满足其他生物的生存和发展需要。

2. 影响因素

生态价值的影响因素主要从耗能问题、用水问题、耗材问题、用地问题四方面进行考虑。

1) 耗能问题

土木工程再生利用须充分考虑耗能问题，增加可再生能源的利用率。例如，结合当地环境和资源特点，充分利用太阳能、风能、地源热泵等。

2) 用水问题

由于我国水资源总体偏少，而且水污染问题日益突出，因此水资源的有效利用在土木工程再生利用中也应认真考虑。现阶段，除从根源上减少用水量以外，节约水资源的方法还有两种：雨水回收利用和中水利用。

3) 耗材问题

新的高性能材料的研发使用也是实现土木工程再生利用生态价值的一个有效方式。随着科技的发展、技术的进步，一大批具有保温隔热、强度高、造价低、施工方便等优越性能的材料正改变着建筑能耗的使用流量。

4) 用地问题

土木工程再生利用项目进行场地规划时，须合理划分，不仅需要合理利用场地，还应合理利用既有建(构)筑物和地下空间，增大场地利用率。

2.4.4 社会价值

1. 基本内涵

土木工程再生利用社会价值指的是项目以国家社会政策为基础，为实现国家或地方社会发展目标所做的贡献和产生的影响及其与社会相互适应的影响价值，包括对再生利用项目本身和对周围地区社会的影响。

土木工程所构成的城市空间是一种物质实在，其中土木工程是承载各类活动的物质主体，可以为社会做出物质上的贡献。此外，土木工程也是城市精神的载体，装载着一个城市的发展史，那些具有特殊性质的土木工程所构成的城市空间给予了人们归属感和情感联系，可以为社会带来精神上的财富。在一定社会背景下，土木工程所具备的精神财富和物质财富，通过再生利用的方式，使得这种价值得以延续。

2. 影响因素

社会价值的影响因素主要从社会影响、社会风险和互适影响三方面进行考虑。

1) 社会影响

社会影响主要考虑对市民生活条件和城区发展的影响程度，主要包括不同利益群体的影响、基础设施建设和城市化进程的影响、历史文化及城市文脉的影响等。

2) 社会风险

社会风险主要考虑再生利用对于周边区域等所带来的经济、自然环境等方面的风险。

3) 互适影响

互适影响主要考虑区域之间的影响，主要包括项目相关的直接利益群体的参与程度及对项目的态度、项目与现行法律法规的相符性、项目所在地基础设施的支持程度、项目影响范围内的技术支持程度等。

思 考 题

2-1. 土木工程再生利用开发决策的基本内涵是什么？

2-2. 土木工程再生利用开发决策的主要内容有哪些？

2-3. 影响土木工程再生利用开发决策的环境要素有哪些？

2-4. 在环境要素分析中，应从哪些方面理解土木工程再生利用的社会环境？

2-5. 土木工程再生利用空间安全分析的主要内容有哪些？

2-6. 在空间安全分析中，场地安全主要包括哪些方面？

2-7. 在空间安全分析中，如何理解生态环境安全的重要性？

2-8. 土木工程再生利用投资价值的影响因素有哪些？

2-9. 土木工程再生利用文化价值的主要内容有哪些？

2-10. 如何理解土木工程再生利用的社会价值？

参考答案

第3章　土木工程再生利用现状实测

3.1　现状实测基础

1. *基本内涵*

现状实测是指对自然地理要素或者地表人工设施的形状、大小、空间位置及其属性等进行实际的测量、采集并绘制成图的过程。如果将从设计、施工、竣工到最终建成可使用的区域、建(构)筑物、管线及设备的全过程称为正向建造过程，那么现状实测则是正向建造过程的逆向推导，是对待测对象的资料性逆向反求的过程，是根据实测区域内建成的实体反向获取现状实测图的工作。

土木工程再生利用现状实测是指通过对实测区域内部的建(构)筑物、道路交通、景观花园、管网管线及设备等实体要素，进行大小、位置、布局等项目的测量，再将测量中所获得的数据绘制成实测图，为土木工程再生利用的后续工作提供图纸依据，以方便后期使用。

2. *主要内容*

1) 实测范围

现状实测范围主要是对缺失原始建造图纸的区域、建(构)筑物、管线及设备的实测。当原始建造图纸较为齐全时，应对实测对象进行现场复核，以现场复核结果为准，并重新绘制实测图；当原始建造图纸不全或缺失时，应对实测对象进行详细的现场实测，绘制现状实测图，形成图本资料。

2) 实测内容

土木工程再生利用现状实测，是基于实测区域现状所进行的实测工作，主要可分为以下几类。

按照实测的工作任务来分，现状实测包括前期外业作业和后期内业作业。

(1) 前期外业作业。

前期外业作业的主要工作包括：一是对区域现状、建(构)筑物、管线及设备进行现场实测，并绘制实测草图；二是拍摄影像资料，不仅须收集建设运营中已有的旧照片、录像带等，还须拍摄保存区域周围及建(构)筑物、管线、设备等的影像资料，完整展现现有状况；三是调查收集相关资料，不仅须收集区域周围及建(构)筑物、管线、设备的基础信息，还须收集项目背景、项目发展等人文背景资料。

(2) 后期内业作业。

后期内业作业的主要工作是根据前期外业中绘制的草图和收集到的相关资料进行全套实测图的绘制。此外，还须整理前期外业作业中拍摄的影像资料，形成实测文本和实测图本，最终整理形成完整有效的实测成果。

按照实测的工作内容来分，现状实测包括区域现状实测、建(构)筑物实测、管线实测和设备实测。

(1) 区域现状实测。

区域现状实测是对区域内的各种建筑物、构筑物、道路、绿化等项目进行测量定位，注明与相邻建筑物、构筑物等的位置关系并绘制成图的过程，是对区域整体平面布置的详细定位与描述。此处的区域既可以是城市的一个片区，也可是一个厂区、园区等。

(2) 建(构)筑物实测。

建(构)筑物实测是对建(构)筑物单体实际情况的全面反映，对建(构)筑物内外进行详细测量并绘制成图，包括建(构)筑物的平面图、立面图和剖面图，以及某些关键部位的详图等，这些可以作为后期再生设计的基本资料。

(3) 管线实测。

管线实测是通过现代化的探测技术，探查既有管线的分布、各专业管线的类型及现状，根据探测到的数据及绘制的不同专业管线的草图，进行管线数字化实测图的绘制和建档，为建立科学、完整、准确的管线信息管理系统和后续的管线再生利用和维护管理提供可靠的基础资料。

(4) 设备实测。

设备实测是对区域内已停止使用的生产、运输、辅助设备，进行形状、尺寸、轮廓等基本参数的测量，绘制出设备的三视图，并与前期调查的设备资料共同组成设备的实测成果，为后期设备的维护或再生利用提供基础资料。

按照实测的工作深度来分，现状实测包括全面实测、典型实测、简略实测。

(1) 全面实测。

全面实测要求对实测对象进行整体控制测量，并测量所有不同类别构件的空间位置关系，要进行全面、详细的勘查和测量，同时按类别和数量分别予以编号和制表，并一一填写清楚。

(2) 典型实测。

典型实测与全面实测的要求基本相同，但测量范围并不覆盖所有构件或部位。对重复的构件或部位，只须覆盖所有类别的构件或部位即可，不必逐个测量，可选测其中一个或几个“典型构件或部位”。

(3) 简略实测。

测量工作深度如果未能达到典型实测的标准，都应属于简略实测。

3) 实测工具和仪器

为方便和快速地掌握实测项目的各类信息，实测过程中常常用到一些实测工具和仪器。实测工具可分为两大类：测量工具与绘图工具，具体见表 3-1。

表3-1 常用实测工具

大类	小类	工具名称	工具用途	备注
测量工具	测量距离的工具	钢卷尺	测量建筑整体或者局部的长度数据	可配备多种长度的钢卷尺
		测距仪	测量建筑整体或者局部的长度数据	使用时须确保仪器的电量充足
		大、小钢角尺	现场画线；测量建筑局部的长度数据；确定垂直线的辅助工具；二者配合可测量圆柱直径	—
		卡尺	测量小尺寸构件数据	—
	测量角度的工具	经纬仪/全站仪	测量道路或建筑局部的角度数据	—
	测量高程/悬高的工具	全站仪	测量建筑整体或者局部的高度数据	—
	测量方位的工具	指北针/带指南针功能的手机	测量建筑方位	使用时须确认现场没有铁制物体或磁场干扰
	摄影工具	照相机/带拍摄功能的手机	拍摄建筑现状照片	用数码相机拍摄照片更加清晰
	保障人身安全的工具	保险带、劳保手套等	保险带用于保障高空作业或高处作业时工作人员的人身安全；劳保手套用于保障手工操作室工作人员的人身安全	安全第一，确保人身安全
	辅助测量工具	梯子、绳子、胶带纸、小刀、便携式照明灯具等	测量高处的实测者不能直接操作的建筑部位或构件数据的辅助工具；测量光线较暗的建筑部位或构件数据的辅助工具；其他用途的辅助工具	梯子、绳子等可就地借用
绘图工具	现场绘制草图及标注测量数据的工具	便携式绘图板	现场绘制实测草图及标注测量数据	一般使用A4便携式绘图板。规模较大的建筑可分绘两张或更多张实测草图并拼合成图，或改用大号便携式绘图板
		坐标纸	现场绘制实测草图及标注测量数据	浅黄色坐标纸最佳。坐标纸可替代比例尺、直尺和三角板的功能，有利于现场准确快速绘制实测草图
		草图纸	现场绘制实测草图及标注测量数据	用于绘制已完成的实测草图、多处重复的实测草图。快速准确，节省时间
		各种黑色和彩色绘图笔：铅笔、绘图笔、签字笔、圆珠笔、马克笔等	现场绘制实测草图及标注测量数据	使用时应统一规定各类、各种颜色绘图笔的用途

3. 工作流程

土木工程再生利用现状实测的基本流程如图 3-1 所示。

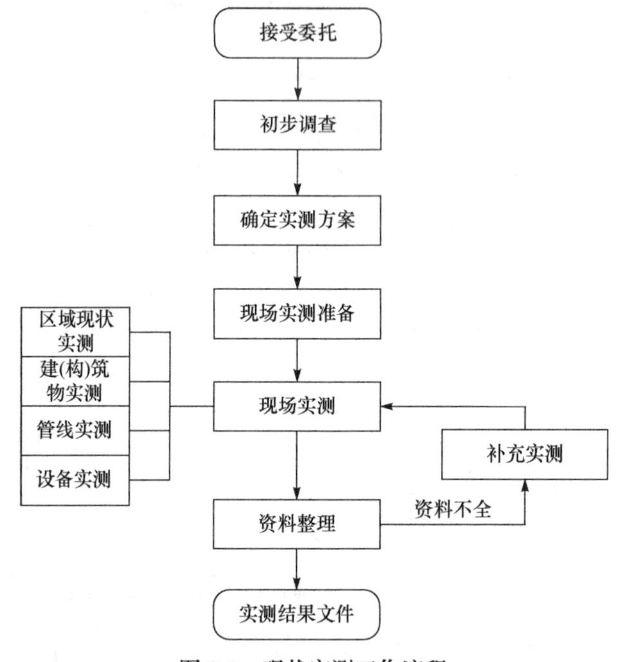

图 3-1　现状实测工作流程

3.2　区域现状实测

3.2.1　实测内容

区域现状实测是通过区域总平面图进行体现的，区域总平面图主要表示整个区域的总体布局，是表达各建(构)筑物的位置、朝向以及周围环境(交通道路、绿化、小品、地形等)基本情况的图样。在绘制区域总平面图的过程中，区域内的坐标系统和高程基准宜与原有基础资料相一致；比例尺宜选用 1∶500 或 1∶1000；坐标系统、高程基准、图幅大小、图上注记、线条规格，应符合国家现行有关标准的规定；实测现场环境温度宜为 −15～40℃，无雨雪、大雾天气，且风速不应过大，以确保实测人员的安全。

1. 主要内容

区域现状实测的主要内容包括建(构)筑物、道路、管线、设备、景观。

1) 建(构)筑物

实测内容包括建(构)筑物细部坐标点的坐标和高程，并附上建（构）筑物的名称、变化、层数及面积等信息。

2) 道路

实测内容包括道路的起讫点、转折点、交叉点的坐标，桥涵、路面、人行道等构筑物的位置和高程。

3) 管线

实测内容包括窨井、转折点的坐标，井盖、井底、沟槽和管顶的高程，并附注管道及窨井的编号名称、管径、管材、间距、坡度和流向。

4) 设备

实测内容包括区域内独立设备的位置、外观轮廓、尺寸及标高等，并记录该设备的编号名称，如起重吊车、龙门吊车、运输火车等设备。

5) 景观

实测内容包括花坛、树木、草坪、景观水池、雕塑等的位置、面积、数量、种类等。

2. 基本要求

区域现状实测图类似于规划学科中的总平面图，主要表现实测区域范围内建筑物、构筑物、地形地貌的相对关系、标高、比例尺、指北针等内容。区域现状实测图中也应标明各建(构)筑物的名称或编号，以便与单体图相对应。具体要求如下。

(1) 表明实测区域的总体布局：包括用地范围、各建筑物及构筑物的位置(原建筑、拆除建筑、新建建筑、拟建建筑)，以及道路、设备、景观等的总体布局。

(2) 确定建筑物的平面位置。①根据既有建筑和构筑物与区域内既有道路的相对位置，确定建(构)筑物在实测图中的位置，若在区域内存在新建建筑，在原始的区域总平面图中未标明其具体位置，则新建建筑定位是以新建建筑的外墙到既有建筑的外墙或到道路中心线的距离为参照确定的。②在规模较大的区域或地形较复杂的区域，可采用细部测量坐标点的方式对区域内的要素进行定位。

(3) 建筑物首层室内地面、室外整平地面的绝对标高：要标注室内地面的绝对标高和相对标高的相互关系，如室内标高±0.000 相当于绝对标高 8.25m，室外整平地面的标高符号为涂黑的实心三角形，标高注写到小数点后两位，可注写在符号上方、右侧或右上角。当区域基地的规模大，且地形有较大的起伏时，区域现状实测图除标注必要的标高外，还要绘出实测区域内的等高线。

(4) 指北针和风玫瑰图：根据图中所绘制的指北针可知新建建筑的朝向，根据风玫瑰图可了解新建建筑地区常年的盛行风向(主导风向)以及夏季风主导风向。

(5) 水、暖、电等管线及绿化布置情况：包括给水管、排水管、供电线路尤其是高压线路、采暖管道等管线在建筑基地的平面布置。

3.2.2 实测步骤

1) 初步调查

现场实测前应先进行初步调查，初步调查应包括基础资料收集及现场踏勘。基础资料收集应对原有建(构)筑物、道路、管线、设备、景观、绿化等资料进行归纳、整理。现场踏勘应包括下列内容：①核查收集资料的完整性、可信度和可利用程度。②核查原始图纸与现状的一致性。③核查地形图的现势性及坐标系统和高程基准。④查看区域周围地形、地貌、交通、环境等情况。⑤调查现场条件和可能产生的干扰因素。

2) 确定实测方案

实测方案主要包括下列内容：工程概况，实测目的或委托方要求，依据的标准及有关基础资料、实测范围、项目和方法，实测人员和仪器设备，实测工作进度计划，实测配合工作，安全与环保措施等。

3) 布设控制点

根据实测方案，按照“从整体到局部，先控制后碎部”的原则逐点进行测量。须测量的点与基准点之间的点称为控制点，基准点与基准点之间的连线称为基准线，控制点与基准点、控制点与控制点之间的连线称为导线。控制点的布设应和总平面图草图绘制同时进行，在草图上标明控制点的位置和需要测量的地物和地貌特征点，并且将选定的控制点标注出来，一般以下部位宜选为控制点。

(1) 建筑的轮廓边界线的交点，即建筑的平面角点。

(2) 建筑与建筑之间的交接处，必要时可作局部放大图。

(3) 道路位置和不同类型铺地范围的分界线。

(4) 围墙转角处，注意围墙须测量其墙厚，在勾画草图时用双线表示。

(5) 测量范围内的其他重要地物的位置点。

需要注意的是，选定的测量控制点需要在草图中标注出来，以便于多组同时作业测绘时草图的拟合。测量控制点须与草图绘制的控制点对应，并且需要进行编号和标注说明。遇到地形有明显高差时，控制点除要标注位置坐标以外，还需在整个测量工作中选定统一的相对标高系统，通常选择其中一栋建筑的室内地面为±0.000，其他建筑和室外的所有点都以该地面为准标注相对高度。

4) 准备仪器

根据实测任务准备相应的测量仪器和工具，在实测前需要对仪器进行检验、校正，查看仪器是否有破损，以确保实测设备的正常使用。

5) 碎部测量

采用标记法测量碎部点，边测量边在草图上标注说明，同时记录相关测量数据。注意草图上绘制标注的点号要和测量记录一致，在移动测量点时，必须把前一个地点所测得的测点对照实际情况全部清楚地绘制在草图纸上，再进行点位的移动，以确保数据记录完整。

6) 绘制成图

现场实测的草图是指现场绘制并记录数据信息的草图，往往要求交代各部分的关系和大体比例并在草图上记录所测数据。草图初步绘制完毕后，须对所绘内容进行检查，目的是对草图进行完善，保证现场实测草图的完整和精确。草图完善后再根据所绘草图的内容进行数字化绘图工作，从而得到所需要的实测图纸。

3.2.3 实测方法

区域现状的实测方法较多，目前较多采用的主要为以下几种。

1) 简易距离交会法测图

在没有合适的测量仪器、精度要求不高的条件下，可利用钢尺、皮尺或激光测距仪并采用简易距离交会的方法测绘区域总平面图。

对于较小的区域，可在区域中选择两点，测量两点间距离并将其作为基线，然后测量各碎部点；对于呈对称分布的区域，可先在区域中心位置选择一条尽量能贯穿区域的长基线作为控制网，再通过增加一些与长基线垂直的基线作为补充。

2) 地面数字测图

当设备条件允许时，可以直接采用地面数字测图方法。该方法也称为内外业一体化数字测图方法。内外业一体化数字测图方法需要的测量设备为全站仪(或测距经纬仪)、电子手簿(或掌上电脑和笔记本电脑)、计算机和数字化测图软件。根据所使用设备的不同，内外业一体化数字测图方法有两种实现形式。

(1) 草图法。利用全站仪或电子手簿采集并记录外业数据或坐标，同时手工勾绘现场地物属性关系草图；随后进行内业时，下载记录数据到计算机内，将外业观测的碎部点坐标读入数字化测图系统直接展点，根据现场绘制的地物属性关系草图在显示屏幕上连线，经编辑和注记后成图。

(2) 电子平板法。在测量现场用安装了数字化测图软件的笔记本电脑或掌上电脑直接与全站仪相连，现场测点，笔记本电脑或掌上电脑实时展绘所测点位，作业员根据实地情况，现场直接连线、编辑和注记成图。

3) GPS-RTK 测图

GPS-RTK 技术是利用 2 台或 2 台以上的 GPS 接收机同时接收卫星信号而进行工作。其中一台安置在已知点上，称为基准站；另一台或几台仪器测定未知点的坐标，称为移动站。基本测量要求：①基准站和移动站同时接收到卫星信号和基准站发出的差分信号。②基准站和移动站同时接收到 5 颗及以上的 GPS 卫星信号；将 GPS 数据采集器和计算机连接，或利用无线传输技术将采集到的数据输入计算机，绘图软件按照点编码绘制成图。

3.3　建(构)筑物实测

3.3.1　实测内容

建(构)筑物实测对象较为广泛，包括住宅楼、办公楼、商场等民用建筑；厂房、仓库、锅炉房等工业建筑；烟囱、筒仓、冷却塔等构筑物；其他辅助用房等。建(构)筑物实测主要是通过绘制建(构)筑物的平面图、立面图和剖面图，以及某些部位的详图等，来准确反映建(构)筑物的外观特征、材质尺寸、空间布局、结构类型等基本信息。

在建(构)筑物实测的过程中，由于建(构)筑物是再生利用项目的主体，需对其实测图进行详细的绘制，所以绘制比例尺会大于区域现状实测绘图的比例尺，一般宜为 1∶50 或 1∶100。另外，高程基准、图幅大小、图上注记、线条规格等构图要素同区域现状实测要求相同，应符合国家现行有关标准的规定。实测工作应在安全的情况下进行，需有专业人员配合，并采取防护措施，以确保实测人员的安全。

1) 平面图

根据建(构)筑物现状绘制平面图，无论是单层还是多层建(构)筑物都应绘制各层平面图，图中应表达清楚柱、梁、墙、门窗等基本构件的内容。现场绘制草图时，一般宜从定位轴线入手，然后定柱子、墙、门窗，再深入细部。平面图实测内容一般包括：建(构)筑物名称或编号、实测时间、地点、人员等。建(构)筑物平面图中应标注的内容有：建(构)筑物开间尺寸、进深尺寸、墙厚尺寸、门窗洞口尺寸、设备洞口尺寸、散水尺寸、指北针方向、剖切位置及方向，顶棚檀条、洞口、采光井等的位置，同时测出建(构)筑物四边总尺寸并在现场进行尺寸校核。对于多层建(构)筑物还须测量楼梯踏步、步距等内容。

2) 立面图

同平面图一样，大部分的立面图应采用正投影法绘制，是将指定方向的建(构)筑物外表面投影到指定的垂直或水平投影面上获得的正投影图，表达的主体是指定方向的建(构)筑物外表面的二维形体特征。建(构)筑物立面图应包括建(构)筑物的外观形式，一般包括正立面图、侧立面图和背立面图等。

绘制建(构)筑物立面图，有以下几个要求：①相同的门窗、阳台、外檐装修、构造做法等可在局部重点表示，并应绘出其完整图形，其余部分可只画轮廓线。②外墙表面分格线应表示清楚，应用文字说明各部位所用面材及色彩。③有定位轴线的建(构)筑物，宜根据两端定位轴线号编注立面图名称，无定位轴线的建(构)筑物，可按平面图各面的朝向确定名称。

3) 剖面图

剖面图主要反映建(构)筑物的结构和内部空间，一般包括横剖面图及纵剖面图。各种剖面图应按正投影法绘制。对于剖面图的剖切部位，应根据建(构)筑物内部的构造特征，在平面图上选择能反映建(构)筑物全貌、构造特征以及有代表性的部位剖切。但是表达的主体是被剖切部分的剖切图，因此才有可能使用专业化的建(构)筑物图式语言表达墙、梁、柱、屋顶、屋架楼板、地板、隔断、门窗、台阶、楼梯、装饰部件等各类建(构)筑物构成要素。建(构)筑物剖面图内应包括剖切面和投影方向可见的建(构)筑物构造、构配件以及必要的尺寸、标高等。剖切符号可用阿拉伯数字、罗马数字或拉丁字母编号。

4) 详图

详图一般是为了更加详细、清楚地标注建(构)筑物节点处或重要构造部位而放大比例绘制的图纸。详图在描绘构件局部构造时，可同建(构)筑物的平面图、立面图、剖面图共同绘制在一张实测图上，对于不能共同绘制的详图则需要引出标注，进行单独绘制。详图的特点一是比例大，二是图示内容详尽清楚，三是尺寸标注齐全、文字说明详尽。详图是建(构)筑物细部构件的实测图，是对建筑平面图、立面图、剖面图等基本实测图图样的深化和补充，是对细部构造的一种很好表达。

建(构)筑物实测中主要绘制的详图有：①节点构造详图，即表达某一局部构造做法和材料组成的详图，有窗台、勒脚、明沟等详图。②构配件详图，即表明构配件本身构造的详图，有门窗、楼梯等详图。

3.3.2 实测步骤

1) 初步调查

现场实测前应先进行初步调查，初步调查应包括基础资料收集及现场踏勘。基础资料收集应对原有图纸文件、拆改记录、竣工验收报告等资料进行归纳、整理。现场踏勘应包括下列内容：①核查收集资料的完整性、可信度和可利用程度。②核查原始图纸与现场实际情况的一致性，是否存在改(扩)建或拆除行为。③查看建(构)筑物内、外部空间。④调查现场条件和可能产生的干扰因素。

在初步调查中，应根据建(构)筑物的基础资料和现场踏勘情况，对建(构)筑物进行编号整理，建(构)筑物基本信息可按表 3-2 确定。

表 3-2　建(构)筑物基本信息

编号	名称	用途	结构类型	层数	形状	建设年代	面积	资料情况	备注
1									
2									

2) 确定实测方案

实测方案主要包括下列内容：工程概况，实测目的或委托方要求，依据的标准及有关基础资料、实测范围、项目和方法，实测人员和仪器设备，实测工作进度计划，实测配合工作，安全与环保措施等。

3) 准备工具和仪器

根据测量的内容，选取需要的测量仪器和工具，并对仪器进行检验校正，选择合适的测量顺序以确保测量的数据满足精度的要求。

4) 任务划分

由于建(构)筑物单体的内部空间往往较大且内部构造多样，实测精度高，故为提高测量效率及绘图的准确性，宜将实测人员按实际情况分为多个测量组，各组负责相应部分的实测工作。

5) 现场测量

各组人员按自己的组内分工任务进行现场实地测量。建(构)筑物单体的再生利用是土木工程再生利用项目的重点内容，实测工作的好坏直接影响到土木工程再生利用项目的效果，各组人员在测量过程中需要认真仔细，尽可能减少误差，做到准确测量。

6) 绘制成图

同区域现状实测一样，建(构)筑物单体的绘制也分为现场草图绘制和内业数字化绘图。绘完后对草图内容要进行核查，减少工作中的遗漏，为准确绘出数字化图纸打下良好的基础。

3.3.3　实测方法

建(构)筑物实测方法主要分为两种：正投影法和镜像投影法。

1) 正投影法

正投影法是平行投影法的一种(另外一种为斜投影法)，是指投影线与投影面垂直，对形体进行投影的方法。所谓的正投影法，其实通俗的理解就是从上往下看，如一个框架结构，一般梁板顶是平的，也就是说从上往下看的时候，你看见的只是楼板，看不见梁，所以画图的时候梁线就应该是虚线；如果是反投影，从下往上看，你既能看见梁又能看见板，所以梁线就是实线。需要说明的是，正投影法常常用于除顶棚以外的各层平面图的绘制。

2) 镜像投影法

镜像投影法就是把镜面放在形体的下面，代替水平投影面，在镜面中得到形体的图像。在镜面中得到的形体图像称为镜像投影图。镜像投影法是因为正投影法对某些构造表达得不清晰而引入的。在建筑工程中，建筑物有些部位构件的图样用正投影法绘制时，不易表达出其真实形状，甚至会出现与实际相反的情况，给人们带来误解。而采用镜像投影法来绘制投影图，就可以解决这类问题。镜像投影法常用于顶棚的绘制。

3.4 管线实测

3.4.1 实测内容

为了满足生产工艺或生活需求，一般会架设管道、管线等设施。对于有管线设施的区域，需要对管线设施进行实测，以获取管线及其附属设施的空间位置及相关属性信息，还需要明确管线的平面位置、高程、用途、分布、尺寸、材质等基本信息，从而实现管线数据交换和信息资源共享，为后续的再生利用提供参考。

管线实测的对象包括多种管道，如电力、电信、给水、排水、燃气以及热力、气体、油料、化工物料等特种管线和管沟等，对于已经拆除、废弃或休止的管线，也需要进行实测绘图，并记录相关信息。

在管线原始图纸较为齐全时，应依据原始图纸的内容，对实测现场的管线进行现场复核，以现场复核结果为准；现场与原始图纸存在出入时，需对有出入的管线部分重新绘制实测图；原始图纸不全或缺失时，应进行详细现场实测，全面绘制管线实测图。对于需要重新绘制实测图的管线，绘制比例尺宜选用 1∶500 或 1∶1000。图幅尺寸及编号宜与原始管线图相一致。

1. 管线实测内容

(1) 各类管线特征点的平面位置和高程，以及管线根数、管径或断面尺寸、管材性质等基本信息，常见的管线特征点见表 3-3。

表 3-3　各类管线的常见特征点

管线种类	特征点
电力	转折点、分支点、预留口、非普查、入户、一般管网点、井边点、井内点等
电信	转折点、分支点、预留口、非普查、入户、一般管网点、井边点、井内点等
给水	测压点、测流点、水质监测点、变径、出地、盖堵、弯头、三通、四通、多通、预留口、非普查、入户、一般管网点、井边点、井内点等

续表

管线种类	特征点
排水	变径、出地、拐点、一通、四通、多通、非普查、预留口、一般管网点、井边点、井内点、沟边点等
燃气	
热力	
工业	变径、出地、盖堵、弯头、三通、四通、多通、预留口、非普查、入户、一般管网点、井边点、井内点等
综合管廊(沟)	变径、出地、三通、四通、多通、预留口、非普查、一般管网点、井边点、井内点等

(2) 管线附属物的平面位置、高程、材质、大小、尺寸等，常见的管线附属物见表 3-4。

表 3-4　各类管线的常见附属物

管线种类	附属物
电力	变电站、配电室、变压器、人孔、手孔、通风井、接线箱、路灯控制箱、路灯、交通信号灯、地灯、线杆、广告牌、上杆等
电信	人孔、手孔、接线箱、电话亭、监控器、无线电杆、差转台、发射塔、交换站、上杆等
给水	检修井、阀门井、消防井、水表井、水源井、排气阀、排污阀、水塔、水表、水池、阀门孔、泵站、消防栓、阀门、进水口、出水口、沉淀池等
排水	污水井、雨水井、雨箅、污箅、溢流井、阀门井、跌水井、通风井、冲洗井、沉泥井、渗水井、出气井、水封井、排水泵站、化粪池、净化池、进水山、出水口、阀门等
燃气	阀门井、检修井、阀门、压力表、阴极测试桩、波形管、凝水缸、调压箱、调压站、燃气柜、燃气桩、涨缩站等
热力	检修井、阀门井、吹扫井、阀门、调压装置、疏水、真空表、固定节、安全阀、排潮孔、换热站等
工业	检修井、排污装置、动力站、阀门等
综合管廊(沟)	检修井、出入口、投料口、通风口、排气装置等

(3) 根据对实测区域管线实测的成果和记录的各类信息，编绘管线图。

(4) 对管线实测成果、成图及其相关属性数据等资料进行整理，以为后期再生利用时管线的利用或者拆除等提供依据。

2. 管线实测图分类

管线实测图的表示形式有多种，一般根据实测区域管线的特点、用途和需要而采取不同的形式。用于工程规划、设计、管理的管线图，主要有综合管线图、专业管线图、管线纵横断面图三种。

1) 综合管线图

综合管线图是在一张图上表示实测区域内全部专业管线、附属设施以及地物、地貌的综合图。它不但能表达各专业管线系统的情况，而且能表达管线相互间的关系及其与建(构)筑物和主要地貌的关系。因此，综合管线图是最常用的表示管线现状的形式。

2) 专业管线图

专业管线图同综合管线图构成要素类似，区别在于专业管线图仅在图上表示出一个或两个专业的管线及其附属设施的专题图。专业管线图的图种很多，包括给水管道专业图、排水管道专业图、燃气管道专业图、热力管道专业图、工业管道专业图等，它可以全面反映本专业管线的系统关系、结构、规格、材料，以及有关的建(构)筑物、附属设施等的情况，是对综合管线图中某一专业管线信息的充分补充。

3) 管线纵横断面图

管线纵横断面图是通过对管线进行纵横断面测量展绘的图。为了满足管线改(扩)建施工图设计的要求，需要提供某个地段、几个地段或整个地段中的管线纵横断面图。

3.4.2 实测步骤

1) 初步调查

现场实测前应先进行初步调查，初步调查应包括基础资料收集及现场踏勘。基础资料收集应对原有各类管线的设计、施工、竣工及拆/改/移资料进行归纳、整理。现场踏勘应包括下列内容：①核查收集资料的完整性、可信度和可利用程度。②核查原始图纸上明显管线点与现场实际情况的一致性。③核查控制点的位置和保存状况，并验算其精度。④核查地形图的现势性及平面坐标系统和高程基准。⑤查看管线周围的地形、地貌、交通、环境及实测区域内部管线的分布情况。⑥调查现场条件和可能产生的干扰因素。现场踏勘结束后，应记录与现场实际情况不一致的管线，并记录控制点保存情况和点位变化情况。

2) 确定实测方案

实测方案主要包括下列内容：工程概况，实测目的或委托方要求，依据的标准及有关基础资料、实测范围、项目和方法，实测人员和仪器设备，实测工作进度计划，实测配合工作，安全与环保措施等。

3) 仪器检验

对于埋入地下的管线探测，应对所选用的探查仪器和测量仪器进行检验。通常检验仪器的方法是：通过将仪器探测结果与已有地下管线数据进行比较或在管线特征点处开挖验证、校核，确定探测方法以及仪器的有效性和可靠性，从而选择出最佳的工作方法、合适的工作频率和发送功率、最佳的收发距等参数。

4) 编写技术方案

技术方案主要包括下列内容：①探测工作目的、任务、范围和工期。②实测区域地形、交通条件、地球物理特征、管线分布概况及已有测量探查资料分析。③探查方法有效性分析、工作方法、实测区域工作布置及相应的作业技术要求。④测量控制、管线点连测、管线图编绘的工作方法及技术要求。⑤作业质量保证体系与具体措施。⑥工作量估算及工作进度。⑦劳动组织、仪器、设备、材料计划。⑧提交的成果资料。⑨存在的问题和对策。

5) 外业实测

在完成上述前期准备工作后，即可进场进行外业实测，包括实地调查、仪器探查、建立测量控制、管线点连测及地形测量。

6) 内业整理

外业结束后，即进行内业的数据处理，编制综合管线图、专业管线图、管线纵横断面图等。在探测作业过程中，要按全面质量管理的要求进行质量管理，保证探测成果质量。

7) 技术总结

在完成外业、内业工作后，还要编写技术报告，主要包括下列内容。①工程概况：工程的依据、目的和要求，工程的地理位置、地形条件，开、竣工日期及完成的工作量。②探测技术措施：作业的标准依据，坐标和高程起算依据，采用的探测仪器和方法，以及管线图的编绘情况。③探测结论和质量评定。④应说明的问题。⑤附图、附表。⑥技术总结。

3.4.3　实测方法

管线实测方法包括：明显管线点的实地调查、隐蔽管线点的物探探查和开挖调查，在实测过程中通常将这三种方法相结合进行使用。

1) 明显管线点的实地调查

明显管线点是指能直接定位和量取有关数据的管线点。要量测、记录和查清一条管线的情况，需要对管线及其附属设施进行详细调查，明显管线点包括接线箱、变压器、水闸、消防栓、入孔井、阀门井、检修井、仪表井及其他附属设施。实地调查应查清各种管线的权属单位、性质、材质、规格、附属设施名称等，对电力综合管线还应查明其电压，对排水管线则应查明其流向，同时量测明显管线点上地下管线的埋深和附属设施中心位置与地下管线中心线地面投影之间的平直距离。

2) 隐蔽管线点的物探探查

隐蔽管线点是指在地下、不能直接观察到、需要采用仪器进行直接定位和量取有关数据的管线点。采用管线仪或其他物探仪器对埋设于地下的隐藏管线进行物探时，应对专用的管线进行搜索、追踪、定位和定深，将地下管线中心位置投影至地面，并设置管线点标志。管线点标志一般设置在管线特征点上，在无特征点的直线段上也可设置管线点，其间距以能控制管线走向为原则，具体应根据探测目标来确定。物探方法主要有电磁法、直流电法、磁法、地震波法和红外辐射法等。在地下管线探测中应用最广泛的是电磁法。

3) 开挖调查

开挖调查是最原始、效率最低却最精确的方法，即采取开挖方法将管线暴露出来，直接测量其埋深、高程和平面位置。一般只在由于探测条件太复杂，现有物探方法无法查明管线敷设状况及无法验证物探精度时才用。

3.5　设 备 实 测

3.5.1　实测内容

设备实测的主要对象是实测区域内已停止使用的生产、运输、辅助设备。实测区域内设备再生重构的方式主要是制作景观小品，来反映实测区域过去的人文历史环境、提高区域的识别性，因此对设备进行实测的出发点不是对该设备进行再次的生产。设备实测的精度要求可低于前面介绍的建(构)筑物实测，其实测的主要内容指通过量测设备绘制出设备的主视图、侧视图、俯视图等，用来表达设备的形状、尺寸、轮廓、用途、材料等基本信息。

1) 主视图

主视图也称作正视图，是指从设备的正面观察，设备的影像投影在背后的投影面上，这种投影影像称为正视图。正视图类似于建(构)筑物的立面图，是设备测绘中主要的测绘内容之一，能反映设备的正立面形状、物体的高度和长度及其上下左右的位置关系，所以主视图的选择是最为重要的，一旦设备的主视图确定下来，其余视图也随之确定下来。主视图应尽量表示形体的内外结构特征，充分显示出形体的内外形状特征。

2) 侧视图

侧视图是指从设备侧面对其进行观察，将设备由左向右或由右向左做正投影，得到的视图即为侧视图。侧视图按投影方向上的不同分为左视图和右视图，一般根据测绘的难易程度来选择左视图或右视图。在设备的正视图确定下来之后，设备的左、右视图也随之确定下来，因此设备正视图的选择会对侧视图的测绘产生一定的影响，在选择正视图时，需要尽可能多地反映设备的构成要素，减轻侧视图的测绘难度，更好地反映设备的侧立面形状、物体的高度和宽度及其上下、前后的位置关系。

3) 俯视图

俯视图也称作平视图，是指从设备的上方观察，由设备的上方向下做正投影得到的视图。俯视图的表达内容同建(构)筑物的平面图相似，主要反映设备的平面形状、设备的长度和宽度及其前后左右的位置关系。俯视图同正视图和侧视图一起合称为设备的三视图，由三视图便可确定设备的形状和大小，所以三视图中所需要绘制的内容就是设备实测所需要测绘的内容。

3.5.2　实测步骤

1) 初步调查

现场实测前应先进行初步调查，初步调查应包括基础资料收集及现场踏勘。基础资料收集应对原有设备图纸、档案等资料进行归纳、整理。现场踏勘应包括下列内容：①核查收集资料的完整性、可信度和可利用程度；②核查原始图纸与现场实际情况的一致性；③查看设备周围的环境情况；④调查现场条件和可能产生的干扰因素。

在初步调查中，应根据设备信息基础资料和现场踏勘情况，对设备进行编号整理，设备基本信息可按表 3-5 确定。

表 3-5　设备基本信息表

编号	名称	用途	材质	形状	体量	位置	可移动性	资料情况	备注
1									
2									

2) 确定实测方案

实测方案主要包括下列内容：工程概况，实测目的或委托方要求，依据的标准及有关基础资料、实测范围、项目和方法，实测人员和仪器设备，实测工作进度计划，实测配合工作，安全与环保措施等。

3) 准备实测仪器

对设备实测仪器的选取，主要是基于设备的轮廓、尺寸及测量方法考虑的。常用仪器主要包括卷尺、激光测距仪、游标卡尺、游标量角器等，遇到需要对大型设备进行实测时，还会使用到全站仪进行高差的测量，若对大型设备的测量精度要求较高，还会使用到升降设备。升降设备使用过程中，需要配备完整的安全设备，如安全帽、安全绳等，安全绳应可靠固定在建筑物结构或升降机上，不应有松散、断股、打结情况出现，且在各尖角过渡处应有保护措施，以确保测量人员的安全。

4) 现场实测

现场实测主要包括设备测量和草图绘制，设备测量过程中需要按照方案中制定的方法和精度来进行，以减少误差；绘制的草图作为设备最终实测图的原始资料和依据，对后期内业工作起到十分重要的作用。

5) 绘制实测图

内业实测图绘制主要是指根据现场实测中所绘制的设备草图，进行三视图的绘制。主要以标准《技术制图 图纸幅面和格式》(GB/T 14689—2008)中对图纸幅面、比例、字体、图线、尺寸注法等的规定来进行设备实测图的绘制。此外，还需在实测图中加上对设备相关信息的描述，以图本加文本的形式组成完整的实测图。

3.5.3　实测方法

设备实测方法主要有以下两种：整体实测法和分解实测法。

1) 整体实测法

整体实测法适用于对设备整体进行实测，同建(构)筑物测绘的方法一样，实现整体实测法的方式主要是正投影法。通过正投影的方式将设备的轮廓绘制在草图上，采用卷尺、激光测距仪、游标卡尺、游标量角器等仪器获取设备的尺寸，然后将获取的设备尺寸标注到草图上，完成对设备的实测。

2) 分解实测法

分解实测法适用于保存完整且不易进行一次实测的设备。如包含动力设备、传动设备等在内的设备生产线，需要将设备进行分解实测。分解实测法还是以正投影的方式，完成对设备三视图的实测，但在实测中，需要将设备整体分解成多部分进行实测；有的设备还需要进行部分拆卸，以便于尺寸或角度的测量，所以在拆卸过程中需要考虑再装时怎样实现与原设备相同，保证原设备的完整性、精确度和密封性等。对于部分拆卸后不易调整复位的零件，如过盈配合的套、销等，不可乱拆乱卸，且在分解拆除过程中，应做好零件标记，避免零件丢失。

思 考 题

3-1. 土木工程再生利用现状实测的基本内涵是什么?
3-2. 土木工程再生利用现状实测的分类包括哪些?
3-3. 区域现状实测的内容有哪些?
3-4. 建(构)筑物实测的内容有哪些?
3-5. 建(构)筑物实测中的初步调查主要包括哪些工作?
3-6. 建(构)筑物实测的方法有哪些?
3-7. 管线实测的内容有哪些?
3-8. 管线实测的步骤有哪些?
3-9. 设备实测的内容有哪些?
3-10. 设备实测的方法有哪些?

参考答案

第 4 章　土木工程再生利用性能评定

4.1　性能评定基础

1. 基本内涵

性能评定是指运用先进的技术设备、工具或仪器，采用指定的方法和技术，对工程实体现状情况的各方面信息进行采集和分析，参照一定的标准对某一个或某一些特定事物进行估计分析，并就其优劣状态给予定性或定量描述的决策行为。

土木工程再生利用性能评定是指以“土木工程再生利用项目”为对象，在对其现状进行调查与检测的基础上，结合分析与校核结果，参照国家现行的评定相关标准规范，对其性能进行等级评定，为后期再生设计提供依据。

2. 主要内容

土木工程再生利用性能评定的主要内容包括建(构)筑物性能评定、道路性能评定、管线性能评定、设备性能评定等。

1) 建(构)筑物性能评定

建(构)筑物性能评定是根据现场调查与检测情况，在对地基基础和结构体系整体性、构件承载力、构造措施及缺陷、变形、损伤等状况进行结构分析与校核的基础上，对建(构)筑物结构性能状况进行评判的过程。

2) 道路性能评定

道路性能评定是根据现场调查与检测情况，在对道路路基、路面及沿线设施进行分析与校核的基础上，对道路性能状况进行评判的过程。

3) 管线性能评定

管线性能评定是根据现场调查与检测情况，在对管线缺陷、变形、损伤进行分析与校核的基础上，对管线性能状况进行评判的过程。

4) 设备性能评定

设备性能评定是根据现场调查与检测情况，在对设备使用和安全现状进行分析与校核的基础上，对设备性能状况进行评判的过程。

3. 工作流程

土木工程再生利用性能评定应遵循“安全检测、科学评定、数据准确、结果可靠”的原则，按照一定的程序进行，如图 4-1 所示。

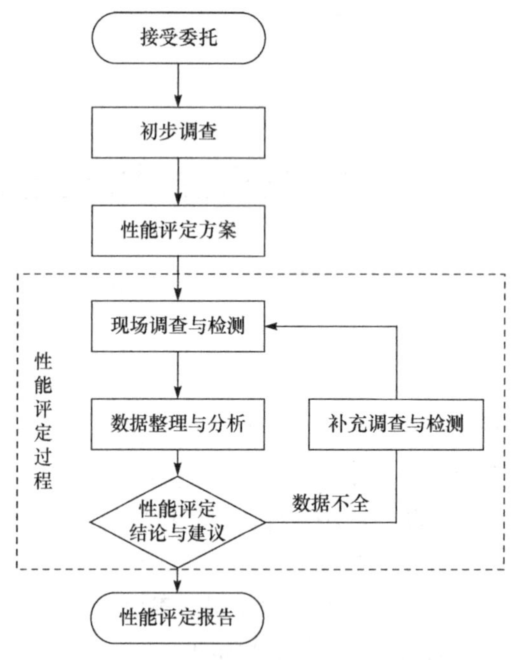

图 4-1　性能评定工作流程

在土木工程再生利用性能评定中，需要特别强调的内容如下。

1) 初步调查

初步调查主要包括下列工作：①核查委托方提供的建设资料完整性，建设资料应包括图纸以及勘察、设计、施工与竣工资料等；②核查委托方提供的建(构)筑物、道路、管线及设备维修记录，维修记录应包括历次修缮、改造、使用条件改变以及受灾情况等；③现场踏勘时，应核实委托方提供的资料与实际现状的符合程度，了解实际使用状况，初步观察缺陷及损伤状况。

2) 性能评定方案

性能评定方案主要包括下列内容：①工程概况，包括原设计、施工及监理单位，以及建设年代等基本情况；②性能评定目的或委托方要求；③性能评定依据及有关技术资料等；④性能评定范围、对象和方法；⑤现场调查与检测方式、内容和数量等；⑥人员和仪器设备情况；⑦工作进度计划；⑧配合工作，包括水电、人员配合要求等；⑨安全与环保措施；⑩提交性能评定报告。

3) 性能评定过程

性能评定过程主要包括下列工作：①现场调查与检测；②数据处理与分析；③性能评定结论与建议。

4) 性能评定报告

性能评定报告主要包括下列内容：①委托单位名称，原设计、施工等单位名称；②工程概况，包括工程名称、类型、规模、建设年代及现状等；③性能评定原因、目的等；④性能评定依据的标准及有关技术资料；⑤性能评定对象、方法及仪器；⑥现场调查与检测方式、内容和数量等；⑦性能评定结果；⑧结论及处理建议；⑨性能评定单位及参与人员名单；⑩报告完成日期。

4.2　建(构)筑物性能评定

4.2.1　调查与检测

1. 检测项目类别划分与抽样比例

建(构)筑物调查与检测的目的是深入了解建(构)筑物的结构现状，为再生利用提供安全可靠的重要参数。因此，综合考虑建(构)筑物初步确定的设计使用年限(初步确定的再生利用后的设计使用年限)、抗震设防类别、图纸资料有效情况、建筑状况和建筑使用功能与设计相符情况等因素，将检测项目分为三类，见表 4-1。

表 4-1　检测项目类别划分标准

<table>
<tr><th>初步确定的
设计使用年限 y</th><th>抗震设防类别</th><th>图纸资料有效情况</th><th>建筑状况</th><th>建筑使用功能与设计
相符情况</th><th>项目类别</th></tr>
<tr><td>$0<y\leq 20$</td><td>丙类</td><td>—</td><td>—</td><td>—</td><td>3 类</td></tr>
<tr><td rowspan="2">$20<y\leq 30$</td><td rowspan="2">丙类</td><td>有效</td><td>良好</td><td>相符</td><td>2 类</td></tr>
<tr><td colspan="3">其他情况</td><td>3 类</td></tr>
<tr><td rowspan="4">$30<y\leq 40$</td><td rowspan="4">丙类</td><td rowspan="3">有效</td><td>良好</td><td>相符</td><td>1 类</td></tr>
<tr><td>良好</td><td>不相符</td><td>2 类</td></tr>
<tr><td>一般</td><td>相符</td><td>2 类</td></tr>
<tr><td colspan="3">其他情况</td><td>3 类</td></tr>
<tr><td rowspan="5">$y>40$</td><td rowspan="5">丙类</td><td rowspan="4">有效</td><td>良好</td><td>相符</td><td>1 类</td></tr>
<tr><td>良好</td><td>不相符</td><td>2 类</td></tr>
<tr><td>一般</td><td>相符</td><td>2 类</td></tr>
<tr><td>较差</td><td>相符</td><td>2 类</td></tr>
<tr><td colspan="3">其他情况</td><td>3 类</td></tr>
<tr><td rowspan="2">—</td><td>甲类</td><td>—</td><td>—</td><td>—</td><td>3 类</td></tr>
<tr><td>乙类</td><td>—</td><td>—</td><td>—</td><td>3 类</td></tr>
</table>

结构性能检测的抽样方案，可根据检测项目的特点按下列原则选择：①外部缺陷的检测，宜选用全数检测方案；②几何尺寸和尺寸偏差的检测，宜选用一次或二次计数抽样方案；③结构连接构造的检测，应选择对结构安全影响大的部位进行抽样；④构件结构性能的实荷检验，应选择同类构件中荷载效应相对较大和施工质量相对较差的构件或受到灾害影响、环境侵蚀影响的构件中有代表性的构件进行抽样；⑤按检测批检测的项目，应进行随机抽样，且最小样本容量的判定见表 4-2。

表 4-2　建筑结构抽样检测的最小样本容量

检测批的容量	检测项目类别和最小样本容量			检测批的容量	检测项目类别和最小样本容量		
	1 类	2 类	3 类		1 类	2 类	3 类
2～8	2	2	3	501～1200	32	80	125
9～15	2	3	5	1201～3200	50	125	200
16～25	3	5	8	3201～10000	80	200	315
26～50	5	8	13	10001～35000	125	315	500
51～90	5	13	20	35001～150000	200	500	800
91～150	8	20	32	150001～500000	315	800	1250
151～280	13	32	50	>500000	500	1250	2000
281～500	20	50	80	—	—	—	—

2. 结构性能检测方法

1) 检测方法的选择依据

建(构)筑物的检测应根据检测目的、结构状况和现场条件选择适宜的检测方法。建(构)筑物检测时可选用如下检测方法：①有相应标准的检测方法；②有关规范、标准规定或建议的检测方法；③参照第①条的检测标准，扩大其适用范围的检测方法；④检测单位自行开发或引进的检测方法。

选用有相关标准的检测方法时，应遵循下列规定：①对于通用的检测项目，应选用国家标准或行业标准；②对于有地区特点的检测项目，可选用地方标准；③对于同一种方法，地方标准与国家标准和行业标准不一致时，有地区特点的部分宜按地方标准执行，检测的基本原则和基本操作要求应按国家标准或行业标准执行；④当国家标准、行业标准或地方标准的规定与实际情况有差异或明显不适用问题时，可根据相关规定做适当调整和修正，但调整与修正应有充分的依据，且调整与修正的内容在检测方案中应予以说明，必要时应向委托方提供调整与修正的检测细则。

采用相关规范、标准规定或建议检测方法时，应遵循下列规定：①当检测方法有相应的检测标准时，应按上述规定执行。②当检测方法没有相应的检测标准时，检测单位应有相应的检测细则；检测细则应对检测仪器设备、操作要求、数据处理等作出规定。

2) 检测方法的选择原则

(1) 现场检测宜采用对结构或构件无损伤的检测方法。当选用局部破损的取样检测方法或原位检测方法时，宜选择结构构件受力较小的部位，并不得损害结构的安全性。

(2) 对于重要和大型公共建筑的结构动力测试，应根据结构特点和检测目的，分别采用环境振动和激振等方法。

(3) 对于重要大型工程和新型结构体系的安全性检测，应根据结构的受力特点制定检测方案，并应对检测方案进行论证。

3. 结构性能调查与检测内容

建(构)筑物结构性能调查与检测包括使用条件调查和结构现状调查与检测。

1) 使用条件调查

使用条件调查包括结构荷载调查、使用环境调查、维修和改造历史调查等内容。

(1) 结构荷载调查。结构荷载调查可根据建筑结构的实际情况进行，主要内容见表 4-3。

表 4-3　结构荷载调查

荷载类别	调查项目
永久荷载	建筑结构构件、围护结构构件及装饰装修配件、固定设备的支架、桥架、管道及其运输的物料等引起的永久荷载；预应力、土压力、水压力、地基变形等作用引起的永久荷载
可变荷载	楼面、地面、屋面活荷载，地面堆载，风、雪荷载等可变荷载；吊车荷载；由温度作用引起的可变荷载
偶然荷载	由地震作用或火灾、爆炸、撞击等引起的偶然荷载

(2) 使用环境调查。使用环境调查应包括对建(构)筑物结构性能造成影响或破坏的环境调查，见表 4-4。

表 4-4　使用环境调查

环境类别	调查项目
地理环境	调查地形、地貌、工程地质、周围建(构)筑物等
气象环境	调查大气环境，如降雨量、降雪量、霜冻期、风作用等对结构的影响；调查室内高湿环境、露天环境、干湿交替环境、冻融环境等对结构的影响
灾害作用环境	调查地震、冰雪、洪水、滑坡等自然灾害对结构的影响；调查建筑本身及周围发生火灾、爆炸、撞击等对结构的影响
生产工作环境	调查生产中使用或产生的腐蚀性液体、气体分布、浓度对结构的影响；调查高温、低温工作环境及振动对结构的影响

(3) 维修和改造历史调查。维修和改造历史调查应包括建(构)筑物用途、使用年限，生产条件的变化，历次改造、检测、维修、维护、加固、用途变更与改扩建等情况。

2) 结构现状调查与检测

结构现状调查与检测应包括地基基础、上部承重结构、围护结构三部分。结构现状调查与检测应以无损检测为主、有损检测为辅；对于重要性程度较高的建(构)筑物，应尽量避免破坏显著体现原建(构)筑物风貌的结构部分，其检测项目见表 4-5。

表 4-5　调查与检测项目

调查与检测项目		检测项目类别		
		1 类	2 类	3 类
地基基础	场地稳定性	√	√	√
	倾斜观测	√	√	√
	材料强度	△	△	√
	尺寸与偏差	△	△	√
	沉降观测	△	△	△
	地基承载力试验	△	△	△

续表

调查与检测项目		检测项目类别		
		1类	2类	3类
上部承重结构	结构整体性	√	√	√
	尺寸与偏差	√	√	√
	缺陷、损伤、腐蚀	√	√	√
	构造与连接	√	√	√
	位移与变形	√	√	√
	材料强度	√	√	√
	实荷检验	△	△	△
围护结构	构造与连接	√	√	√
	损伤和破坏	△	△	√
	材料强度	√	√	√

注：“√”表示必做项目；“△”表示选做项目。

(1) 地基基础的调查与检测。地基基础是建筑结构中的重要组成部分，它直接承受上部结构传来的所有荷载。对既有建(构)筑物进行再生利用前，要求地基基础拥有足够的稳定性和承载力，调查与检测工作内容如下：①查阅原有岩土工程勘察报告、有关图纸资料及工程沉降观测资料，重点查看地基的沉降、差异沉降，调查地基基础的变形及上部结构的反应。②调查结构现状、实际使用荷载、场地稳定性及邻近建筑、地下工程和管线等情况。③当基础附近有废水排放地沟、集水坑、集水池或油罐池、沼气池等时，应重点检查废水的渗漏以及对地基基础造成的腐蚀等不利影响。④当地基基础不存在明显沉陷，上部结构不存在疑似因地基基础变形导致的梁、柱和围护墙体产生明显裂缝，出现局部构件或整体倾斜超限等结构缺陷时，可评定为无静载缺陷，不再进行进一步的调查与检测。⑤当存在第④条所述的结构缺陷时，应依据《建筑地基基础设计规范》(GB 50007—2011)和《建筑变形测量规范》(JGJ 8—2016)进行沉降观测。⑥当地基基础发生明显沉陷，上部结构发生严重变形，地基沉降、差异沉降严重超限时，应委托具有相应资质的单位进行地勘作业，探明地基土性状并验算地基承载力和地基变形，当怀疑地基存在严重缺陷时，宜进行地基承载力试验。

(2) 上部承重结构的调查与检测。应调查结构体系的整体性、完整性、稳定性，具体包括原材料性能、材料强度、尺寸与偏差、构件外观质量与缺陷、变形与损伤、钢筋配置等内容。必要时，可进行结构构件性能的实荷检验或结构动力测试。

① 重点调查结构是否构成空间稳定的结构体系；重点检查结构有无错层、结构间的连接构造是否可靠等；重点检查混凝土结构梁、板、柱布置是否合理，砌体结构圈梁和构造柱的设置是否合理。

② 对于受到环境侵蚀或灾害破坏影响的构件，应选择对结构安全影响较大的部位或

有代表性的损伤部位进行检测，在检测报告中应提供具体位置和必要的情况说明。

③ 结构构件的尺寸与偏差检测应以设计图为依据，当施工误差可忽略不计时，可采用设计尺寸进行结构分析与校核。若设计图纸缺失，则必须现场实测，并绘制实测图，结构分析与校核应以现场实测复核数据为准。

④ 结构构件缺陷与损伤、腐蚀检测项目见表 4-6。结构构件裂缝检测应包括裂缝位置、长度、宽度、深度、形态和数量，应给出裂缝的性质并拍照记录，受力裂缝宜绘制裂缝展开图。

表 4-6　结构构件缺陷与损伤、腐蚀检测项目

构件类别	检测项目
混凝土结构构件	蜂窝、麻面、孔洞、夹渣、露筋、裂缝、疏松、腐蚀等
钢结构构件	夹层、裂纹、锈蚀、非金属夹杂和明显的偏析、锈蚀等
砌体结构构件	裂缝、墙面渗水、砌块风化、缺棱掉角、裂纹、弯曲、砂浆酥碱、粉化、腐蚀等

⑤ 结构构件节点处的连接是结构检测的重点，对于难以到达的区域，宜采用升降机配合高清数码相机进行检测，发现严重缺陷时应细致察看并拍照记录。

⑥ 结构构件位移与变形检测应包括受压构件柱、墙的顶点位移，受弯构件吊车梁、屋架梁的挠度，层间位移等，检测方法应符合现行国家标准《建筑变形测量规范》(JGJ 8—2016)的有关规定。

(3) 围护结构的调查与检测。现场应对围护结构的布置、使用功能、老化损伤和破坏等情况进行核查，并调查围护结构的构造连接状况及其对主体结构的不利影响；对于难以目测的区域，宜采用高清数码相机进行检查，发现严重缺陷时应细致察看并拍照记录；围护结构状况较差，委托方拟定拆除或有其他要求时，可减少或取消该部分围护结构的检测数量及内容，并在报告中记录说明。

4.2.2　分析与校核

1. 结构分析与校核流程

结构分析与校核应结合建(构)筑物的实际情况，在对其结构现状进行调查与检测的基础上，采集模型相关数据，确定结构计算简图，构建分析与校核模型，参照国家现行有关标准的规定，进行相关参数取值，其具体流程如图 4-2 所示。

2. 结构分析与校核条件

结构分析与校核应满足力学平衡条件和变形协调条件，并采用合理的本构关系。①满足力学平衡条件。进行力学分析时，必须满足平衡条件。无论结构的整体或部分，在任何情况下，都必须满足力学平衡。②在不同程度上符合变形协调条件，包括节点和边界的约束条件。③采用合理的材料本构关系或构件单元的受力-变形关系。

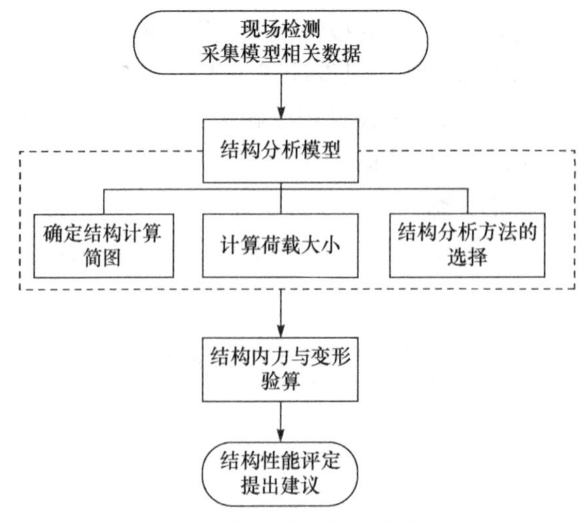

图 4-2　结构分析与校核流程

3. 结构分析与校核方法

结构分析与校核应根据结构类型、构件布置、材料性能和受力特点选择合理的分析与校核方法。建筑结构常见的结构类型有砖混结构、钢筋混凝土结构、钢结构和组合结构等。本书以钢筋混凝土结构为例，目前常用的结构分析方法如图 4-3 所示，在此对其主要特点和应用范围进行简要阐述。

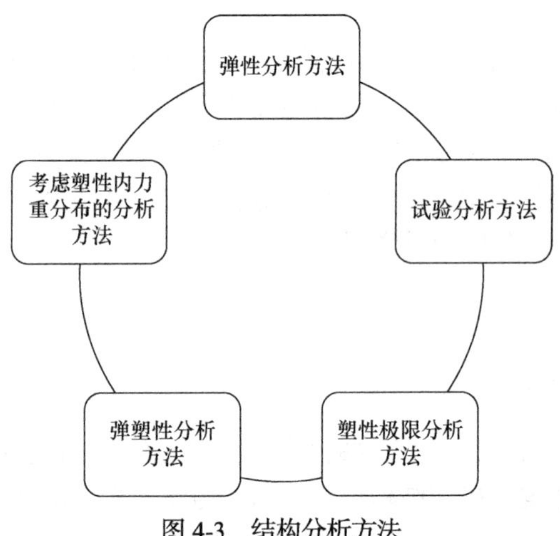

图 4-3　结构分析方法

1) 弹性分析方法

弹性分析方法是最基本和最成熟的结构分析方法，也是其他分析方法的基础和特例。它适用于分析一般结构，大部分混凝土结构的设计均基于此法。

2) 考虑塑性内力重分布的分析方法

考虑塑性内力重分布的分析方法可用于超静定混凝土结构设计。该方法具有充分发挥结构潜力、节约材料、简化设计和方便施工等优点。但应注意到，抗弯能力较低部位的变形和裂缝可能相应增大。

3) 弹塑性分析方法

弹塑性分析方法以钢筋混凝土的实际力学性能为依据，引入相应的本构关系后，可进行结构受力全过程分析，而且可以较好地解决各种体形和受力复杂结构的分析问题。但这种分析方法比较复杂，计算工作量大，各种非线性本构关系尚不够完善和统一，且要有成熟、稳定的软件提供使用，至今应用范围仍然有限，主要用于重要、复杂结构工程的分析和罕遇地震作用下的结构分析。

4) 塑性极限分析方法

塑性极限分析方法又称塑性分析法或极限平衡法。此法主要用于周边有梁或墙支承的双向板设计。工程设计和施工实践经验证明，在规定条件下按此法进行计算和构造设计简便易行，可以保证结构的安全。

5) 试验分析方法

结构或其他部分的体形不规则且受力状态复杂，又无恰当的简化分析方法时，可采用试验分析方法，如剪力墙及其孔洞周围，框架和桁架的主要节点，构件的疲劳部位，受力状态复杂的特种建(构)筑物等。

4.2.3 性能评定

建(构)筑物的性能应根据现场调查与检测结果，地基基础和结构体系整体性，构件承载力构造措施及缺陷、变形、损伤等，在进行结构分析与校核的基础上进行评定。建(构)筑物性能评定包括结构可靠性评定和结构抗震性能评定。性能评定等级应按结构可靠性和抗震性能评定结果确定，取二者较低等级作为性能评定等级。建(构)筑物性能评定分级标准见表4-7。

表4-7 建(构)筑物性能评定分级标准

等级	分级标准
Ⅰrs	结构可靠性符合国家现行有关标准的可靠性要求，结构整体安全可靠；建筑抗震能力符合现行国家标准《建筑抗震鉴定标准》(GB 50023—2009)的要求；在初步确定的设计使用年限内不影响整体可靠性和整体抗震性能
Ⅱrs	结构可靠性略低于国家现行有关标准的可靠性要求，尚不影响整体安全可靠；或建筑抗震能力局部不符合现行国家标准《建筑抗震鉴定标准》(GB 50023—2009)的要求；在初步确定的设计使用年限内尚不显著影响整体可靠性或整体抗震性能
Ⅲrs	结构可靠性不符合国家现行有关标准的可靠性要求，影响整体安全可靠；或建筑抗震能力不符合现行国家标准《建筑抗震鉴定标准》(GB 50023—2009)的要求；在初步确定的设计使用年限内影响整体可靠性或整体抗震性能
Ⅳrs	结构可靠性极不符合国家现行有关标准的可靠性要求，已经严重影响整体安全可靠；或建筑抗震能力整体极不符合现行国家标准《建筑抗震鉴定标准》(GB 50023—2009)的要求；在初步确定的设计使用年限内严重影响整体可靠性或整体抗震性能

1) 结构可靠性评定

结构可靠性应按构件、结构系统和评定单元逐层分级进行评定。结构可靠性评定的层次、等级划分见表4-8。结构可靠性评定分级标准及处理要求见表4-9。

表 4-8 结构可靠性评定的层次、等级划分

<table>
<tr><td>层次</td><td>一</td><td colspan="2">二</td><td>三</td></tr>
<tr><td>评定对象</td><td>构件</td><td colspan="2">结构系统</td><td>评定单元</td></tr>
<tr><td>等级</td><td>a_r、b_r、c_r、d_r</td><td colspan="2">A_r、B_r、C_r、D_r</td><td>I_r、II_r、III_r、IV_r</td></tr>
<tr><td rowspan="3">地基基础</td><td rowspan="2">—</td><td>地基变形评级</td><td rowspan="3">地基基础评级</td><td rowspan="3">整体可靠性评级</td></tr>
<tr><td>边坡场地稳定性评级</td></tr>
<tr><td>按同类材料构件各检查项目评定单个基础等级</td><td>基础承载力评级</td></tr>
<tr><td rowspan="2">上部承重结构</td><td>按承载能力、构造与连接、变形与损伤等检查项目评定单个构件等级</td><td>每种构件集评级</td><td rowspan="2">上部承重结构评级</td><td rowspan="4"></td></tr>
<tr><td>—</td><td>按结构布置、支撑、结构间连接构造等项目进行结构整体性评级</td></tr>
<tr><td rowspan="2">围护结构</td><td>按照承载能力等项目评定单个构件等级</td><td>每种构件集评级</td><td rowspan="2">围护结构评级</td></tr>
<tr><td>—</td><td>按照构造连接评定单个非承重围护结构构件等级</td></tr>
</table>

表 4-9 结构可靠性评定分级标准及处理要求

层次	评定对象	等级	分级标准	处理要求
一	构件	a_r	符合国家现行标准的可靠性要求，构件安全可靠	不必采取措施
		b_r	略低于国家现行标准的可靠性要求，尚不影响安全	可不采取措施
		c_r	不符合国家现行标准的可靠性要求，影响安全	应采取措施
		d_r	极不符合国家现行标准的可靠性要求，已严重影响安全	必须及时或立即采取措施(若已停用，不必立即，可采取临时措施)
二	结构系统	A_r	符合国家现行标准的可靠性要求，不影响整体安全	可能有个别一般构件应采取措施
		B_r	略低于国家现行标准的可靠性要求，仍能满足结构可靠性的下限水平要求，尚不明显影响整体安全	可能有个别构件应采取措施
		C_r	不符合国家现行标准的可靠性要求，影响整体安全	应采取措施，且可能有极少数构件应及时或立即必须采取措施(若已停用，不必立即，可采取临时措施)
		D_r	极不符合国家现行标准的可靠性要求，已严重影响整体安全	必须立即采取措施
三	评定单元	I_r	符合国家现行标准的可靠性要求，不影响整体安全	可能有个别一般构件应采取措施
		II_r	略低于国家现行标准的可靠性要求，仍能满足结构可靠性的下限水平要求，尚不明显影响整体安全	可能有个别构件应采取措施
		III_r	不符合国家现行标准的可靠性要求，影响整体安全	应采取措施，且可能有极少数构件应及时或立即必须采取措施(若已停用，不必立即，可采取临时措施)
		IV_r	极不符合国家现行标准的可靠性要求，已严重影响整体安全	必须立即采取措施(若已停用，不必立即，可采取临时措施)

2) 结构抗震性能评定

结构抗震性能应按构件、结构系统、评定单元逐层分级进行评定。结构抗震性能评定的层次、等级划分见表 4-10。结构抗震性能评定分级标准及处理要求见表 4-11。

表 4-10　结构抗震性能评定的层次、等级划分

<table>
<tr><td>层次</td><td>一</td><td colspan="2">二</td><td>三</td></tr>
<tr><td>评定对象</td><td>构件</td><td colspan="2">结构系统</td><td>评定单元</td></tr>
<tr><td>等级</td><td>a_s、b_s、c_s、d_s</td><td colspan="2">A_s、B_s、C_s、D_s</td><td>I_s、II_s、III_s、IV_s</td></tr>
<tr><td rowspan="3">地基基础</td><td rowspan="2">—</td><td>地基变形评级</td><td rowspan="3">地基基础抗震能力评级</td><td rowspan="6">整体抗震能力评级</td></tr>
<tr><td>场地评级</td></tr>
<tr><td>按同类材料构件各检查项目评定单个基础抗震承载力等级</td><td>基础构件集抗震承载力评级</td></tr>
<tr><td rowspan="3">上部结构</td><td>各类构件抗震承载力评级</td><td>考虑抗震构造措施的抗侧力构件和其他构件集抗震承载力评级</td><td rowspan="3">上部结构抗震能力评级</td></tr>
<tr><td>—</td><td>结构体系、结构布置等抗震宏观控制的抗震构造评级</td></tr>
<tr><td>—</td><td>按照构造连接评定单个非承重围护结构构件等级</td></tr>
</table>

表 4-11　结构抗震性能评定分级标准及处理要求

层次	评定对象	等级	分级标准	处理要求
一	构件	a_s	符合现行国家标准《建筑抗震鉴定标准》(GB 50023—2009)的抗震承载力要求	不必采取措施
		b_s	略低于现行国家标准《建筑抗震鉴定标准》(GB 50023—2009)的抗震承载力要求，尚不影响抗震承载力	可不采取措施
		c_s	不符合现行国家标准《建筑抗震鉴定标准》(GB 50023—2009)的抗震承载力要求，影响抗震承载力	应采取措施
		d_s	极不符合现行国家标准《建筑抗震鉴定标准》(GB 50023—2009)的抗震承载力要求，已严重影响抗震承载力	必须采取措施
二	结构系统	A_s	符合《建筑抗震鉴定标准》(GB 50023—2009)等现行国家标准的抗震能力要求，具有整体抗震性能	可不采取措施
		B_s	略低于现行国家标准《建筑抗震鉴定标准》(GB 50023—2009)的抗震能力要求，尚不显著影响整体抗震性能	可能有个别构件或局部构造应采取措施
		C_s	不符合现行国家标准《建筑抗震鉴定标准》(GB 50023—2009)的抗震能力要求，显著影响整体抗震性能	应采取措施，且可能少数构件或地基基础的抗震承载力或构造措施必须采取措施
		D_s	极不符合现行国家标准《建筑抗震鉴定标准》(GB 50023—2009)的抗震能力要求，严重影响整体抗震性能	必须采取整体加固或拆除重建的措施
三	评定单元	I_s	符合现行国家标准《建筑抗震鉴定标准》(GB 50023—2009)的抗震能力要求，具有整体抗震性能	可不采取措施
		II_s	略低于现行国家标准《建筑抗震鉴定标准》(GB 50023—2009)的抗震能力要求，尚不显著影响整体抗震性能	可能有个别构件或局部构造应采取措施
		III_s	不符合现行国家标准《建筑抗震鉴定标准》(GB 50023—2009)的抗震能力要求，显著影响整体抗震性能	应采取措施，且可能少数构件或地基基础的抗震承载力或构造措施必须采取措施
		IV_s	极不符合现行国家标准《建筑抗震鉴定标准》(GB 50023—2009)的抗震能力要求，严重影响整体抗震性能	必须采取整体加固、拆除重建或改变使用功能等措施

4.3　道路性能评定

4.3.1　调查与检测

道路性能调查与检测实质上是对道路技术状况的调查与检测，包括使用条件调查和道路现状调查与检测。

1. 使用条件调查

使用条件调查应包括道路类型调查、使用环境调查、维修和改造历史调查等。

(1) 道路类型调查应按主干道、次干道、支道、车间引道、人行道等分类进行，调查内容宜包括道路等级、长度、宽度、路面类型等。

(2) 使用环境调查应包括对道路性能造成影响或破坏的环境调查，调查项目见表 4-12。

表 4-12　使用环境调查

环境类别	调查项目
地理环境	调查地形、地貌、工程地质等
气象环境	调查大气环境、露天环境、干湿交替环境、冻融环境对道路的影响
灾害作用环境	调查地震、冰雪、洪水、滑坡等自然灾害对道路的影响
工作环境	调查使用过程中行车荷载、高低温及振动等对道路的影响

(3) 维修和改造历史调查应包括道路等级、道路路面类型、使用年限的变化，历次改造、检测、维修、维护、改扩建等情况。

2. 道路现状调查与检测

道路现状调查与检测应包括路基、路面和沿线设施三部分。其检测可采用人工调查配合自动化检测的方式进行。

1) 路基调查与检测

路基调查内容主要包括路肩损坏、边坡坍塌、水毁冲沟、路基构造物损坏、路缘石缺损、路基沉降、排水不畅等。路基检测内容主要包括路基压实度、路基强度和模量以及路基弯沉检测等。路基压实度检测的方法主要有挖坑灌砂法、环刀法、核子密湿度仪法、气囊检测法、探地雷达法、瑞利波法等。路基强度和模量检测主要包括测定土基现场 CBR，可用承载板法、贝克曼梁法或动力锥贯入仪法测定路基回弹模量等。路基弯沉检测主要包括用贝克曼梁检测路基静力弯沉和用落锤式弯沉仪检测路基动力弯沉。

2) 路面调查与检测

路面调查与检测内容主要包括路面破损、路面平整度、路面抗滑性和路面厚度等。

(1) 路面破损检测。路面破损检查项目见表 4-13。路面破损检查中常用的仪器设备有量尺、破损记录纸(毫米方格纸)、高速摄影车和其他高效设备等。

表 4-13　路面破损检查项目

路面类型	检查项目
沥青路面	龟裂、裂缝、沉陷、车辙、波浪拥包、坑槽、松散、泛油、修补等
水泥混凝土路面	破碎板、裂缝、板角断裂、错台、拱起、边角剥落、接缝料损坏、坑洞、唧泥、露骨、修补等

(2) 路面平整度检测。路面平整度是反映路面施工质量和服务水平的重要指标。平整度是指以规定的标准量规，间断地或连续地测量路面表面的凹凸情况。平整度的测试设备分为断面类和反应类两种。断面类测量路面的实际凹凸情况，常见的设备有 3m 直尺和连续式平整度仪；反应类是司乘人员直接感受到的舒适指标，常用的设备有车载式颠簸累计仪。

(3) 路面抗滑性检测。路面抗滑性指标主要有路表构造深度、路面抗滑值和路面横向摩擦系数。路表构造深度是指一定面积的路面表面上凹凸不平的开口孔隙的平均深度，常用的检测方法有手工铺砂法和电动铺砂法；路面抗滑值是反映路面抗滑性的综合指标，路面的抗滑摆值是指用标准的手提式摆式摩擦系数测定仪测定路面在潮湿条件下对摆的摩擦阻力；路面横向摩擦系数是指用标准的摩擦系数测定的，当测定轮与行车方向成一定角度且以一定速度行驶时，轮胎与潮湿路面之间的摩擦阻力与试验轮上荷载的比值。

(4) 路面厚度检测。对于基层或砂石路面厚度的检测可采用挖坑法，沥青面层或水泥混凝土路面板厚度的检测可采用钻孔法，结构层的厚度也可采用水准仪测量。国外还有的用雷达或超声波等方法检测路面结构层厚度。

3) 沿线设施调查与检测

沿线设施调查与检测内容主要包括排水设施、工程防护及支挡设施、隔离设施、交通引导设施和环保设施等。排水设施检测应包括地表和地下排水设施的检测；工程防护及支挡设施检测应包括坡面防护、冲刷防护和支挡设施的检测；隔离设施检测应包括护栏、隔离栅和防眩设施的检测；交通引导设施检测应包括交通标志、标线以及视觉诱导设施的检测；环保设施检测应包括防噪声设施和绿化工程的检测。

4.3.2　分析与校核

道路分析与校核应结合道路的实际情况，在对其现状进行调查与检测的基础上，采集模型相关数据，构建分析与校核模型，参照国家现行有关标准的规定，进行相关参数取值，对道路性能进行分析，其具体流程如图 4-4 所示。

道路分析方法应符合国家现行设计规范的规定，当需要通过荷载试验来确定道路性能时，应按有关的现行国家标准规范执行。道路性能计算分析采用的模型应符合道路的实际受力情况。道路性能技术参数应取实测值，并结合道路实际的变形、施工偏差以及裂缝、缺陷、损伤影响确定。进行道路性能技术参数计算与分析时，应符合下列规定。

(1) 路基与沿线设施评定技术参数应根据现场调查与检测损坏情况确定。

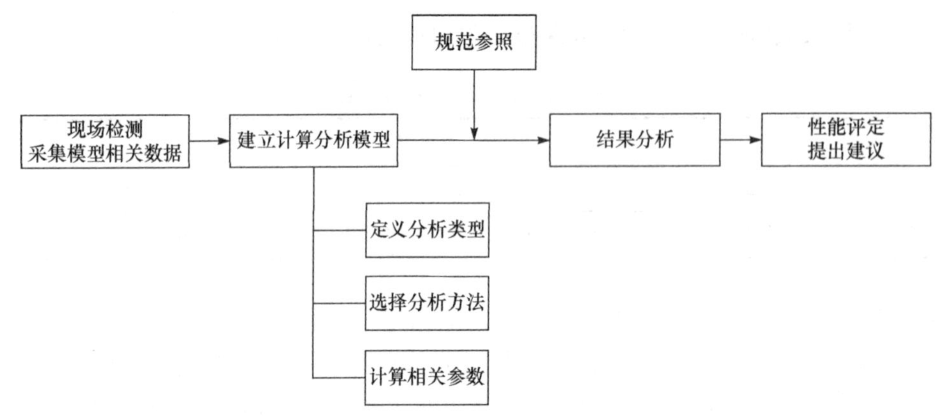

图 4-4 道路分析与校核流程

(2) 沥青路面评定技术参数应根据路面损坏、路面平整度、路面车辙、路面跳车、路面磨耗、路面抗滑性能和路面结构强度确定。

(3) 水泥混凝土路面评定技术参数应根据路面损坏、路面平整度、路面跳车、路面磨耗、路面抗滑性能确定。

(4) 技术参数计算公式与要求应按《公路技术状况评定标准》(JTG 5210—2018)执行。

4.3.3 性能评定

道路性能评定应根据现场调查与检测结果及道路现状情况，在计算道路相关技术参数的基础上进行评定。道路性能评定分级标准见表 4-14。

表 4-14 道路性能评定分级标准

等级	分级标准
Ⅰ	道路性能符合现行行业标准《公路技术状况评定标准》(JTG 5210—2018)和国家现行有关标准的要求，整体安全可靠，正常使用
Ⅱ	道路性能略低于现行行业标准《公路技术状况评定标准》(JTG 5210—2018)和国家现行有关标准的要求，尚不影响整体安全可靠和正常使用
Ⅲ	道路性能不符合现行行业标准《公路技术状况评定标准》(JTG 5210—2018)和国家现行有关标准的要求，影响整体安全可靠和正常使用
Ⅳ	道路性能极不符合现行行业标准《公路技术状况评定标准》(JTG 5210—2018)和国家现行有关标准的要求，已经严重影响整体安全可靠和正常使用

道路性能评定的等级可依据道路技术状况等级来确定，道路技术状况可划分为四个等级，其等级划分标准见表 4-15。道路技术状况指数(MQI)及其相应的分项指标值域为 0～100，MQI 及其相应的分项指标的分值计算公式参照《公路技术状况评定标准》(JTG 5210—2018)的相关规定执行。

表 4-15 道路技术状况等级划分标准

评定指标	Ⅰ	Ⅱ	Ⅲ	Ⅳ
MQI	≥90	≥80 且<90	≥60 且<80	<60

4.4　管线性能评定

4.4.1　调查与检测

1. 检测项目类别划分

管线调查与检测的目的是在对管线结构现状进行深入剖析的基础上，为后续性能评定提供安全可靠的参数指导。综合考虑管线已使用年限、资料情况与管线状况等因素将管线性能检测项目分为三类，见表 4-16，以此作为现场检测工作区别对待的依据。

表 4-16　检测项目类别划分标准

<table>
<tr><th>已使用年限 y</th><th>资料情况</th><th>管线状况</th><th>项目类别</th></tr>
<tr><td>$y>50$ 年</td><td>—</td><td>—</td><td>3 类</td></tr>
<tr><td rowspan="2">30 年 $<y\leqslant 50$ 年</td><td>有效</td><td>良好</td><td>2 类</td></tr>
<tr><td colspan="2">其他情况</td><td>3 类</td></tr>
<tr><td rowspan="3">10 年 $<y\leqslant 30$ 年</td><td rowspan="2">有效</td><td>良好</td><td>1 类</td></tr>
<tr><td>一般</td><td>2 类</td></tr>
<tr><td colspan="2">其他情况</td><td>3 类</td></tr>
<tr><td rowspan="4">$0<y\leqslant 10$ 年</td><td rowspan="2">有效</td><td>良好</td><td>1 类</td></tr>
<tr><td>一般</td><td>2 类</td></tr>
<tr><td>关键资料缺失</td><td>良好</td><td>2 类</td></tr>
<tr><td colspan="2">其他情况</td><td>3 类</td></tr>
</table>

2. 管线性能调查与检测内容

管线性能调查与检测包括使用条件调查和管线现状调查与检测。

1) 使用条件调查

使用条件调查应包括管线类型调查、使用环境调查、维修和改造历史调查等。

(1) 管线类型调查应按给水、排水、燃气、热力、工业管道等分类进行，调查内容宜包括管线种类、功能属性、材质、敷设方式、连接方式等。

(2) 使用环境调查应包括对管线性能造成影响或破坏的环境调查，调查项目见表 4-17。

表 4-17　使用环境调查

环境类别	调查项目
地理环境	调查地形、地貌、工程地质、相邻管线分布情况等
气象环境	调查大气环境、露天环境、干湿交替环境、冻融环境对管线的影响
灾害作用环境	调查地震、冰雪、洪水、滑坡等自然灾害对管线的影响，调查管线本身及周围发生火灾、爆炸、撞击等对管线的影响
工作环境	调查使用过程中酸碱腐蚀、高低温及振动等对管线的影响

(3) 维修和改造历史调查应包括历次检测、维修、加固、运营维护、用途变更、使用条件改变以及受灾害等情况。

2) 管线现状调查与检测

管线现状调查与检测应分段进行，并应符合下列规定：①按管道材质分段；②按安装时间分段；③按不同管壁厚度分段；④按环境腐蚀性等级分段；⑤按管道保护状况分段。

管线现状调查与检测内容应包括下列内容：①管线位置、走向等检测；②管线结构性缺陷和功能性缺陷检测；③管线内部介质测试分析；④管道腐蚀环境检测分析；⑤管道腐蚀剩余厚度检测；⑥防腐保温层破损点调查与检测；⑦防腐保温层防护性能调查与检测；⑧管道材料性能测试分析；⑨附属设施调查与检测。

管线现状调查与检测宜结合非开挖检测和开挖破损检测进行，检测项目见表 4-18。

表 4-18　管线性能检测项目

检测项目	检测项目类别		
	1 类	2 类	3 类
材料强度	△	△	√
尺寸与偏差	△	△	√
缺陷、损伤、腐蚀	√	√	√
构造与连接	√	√	√
位移与变形	√	√	√
附属设施	△	△	√
承载力	√	√	√
压力试验	△	△	△

注：“√”表示必做项目；“△”表示选做项目。

4.4.2　分析与校核

管线分析与校核应结合管线的实际情况，在对其现状进行调查与检测的基础上，采集模型相关数据，构建分析与校核模型，参照国家现行有关标准的规定，进行相关参数取值，对管线性能进行分析，其具体流程如图 4-5 所示。

管线分析与校核应符合下列规定。

(1) 计算分析时使用的材料强度标准值，应根据构件的实际状况和已获得的检测数据按下列取值：①当材料的种类和性能符合原设计时，可按原设计标准值进行取值；②当材料的种类和性能与原设计不符或材料性能已显著退化时，应根据实测数据按国家现行相关检测技术标准的规定进行取值。

(2) 管线结构或构件的几何参数应取实测值，并结合结构实际的变形、施工偏差以及裂缝、缺陷、损伤、腐蚀等影响确定。

(3) 当管线的内外使用环境或结构有较大变动时，应与原设计进行对比分析。

(4) 对于使用寿命接近或已经超过设计寿命的管道，检验时应采取硬度检验，必要时应取样进行力学性能试验或化学成分分析。

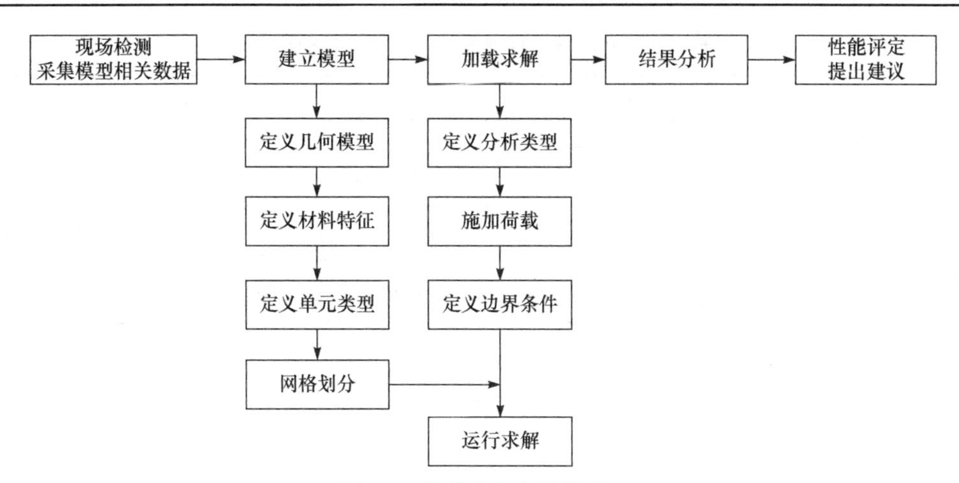

图 4-5　管线分析与校核流程

(5) 当需要通过试压或管件荷载试验检验管线的承载性能和使用性能时，应按有关的现行国家标准规范执行。

4.4.3　性能评定

管线性能评定应根据现场调查与检测结果及管线现状情况，在分析与校核的基础上进行评定。管线性能评定包括管线安全性评定和管线使用性评定。性能评定等级应按管线安全性和使用性评定结果确定，性能评定等级应取二者较低等级。管线性能评定分级标准见表 4-19。

表 4-19　管线性能评定分级标准

等级	分级标准
Ⅰ	管线性能符合国家现行有关标准的要求，整体安全可靠，正常使用
Ⅱ	管线性能略低于国家现行有关标准的要求，尚不影响整体安全可靠和正常使用
Ⅲ	管线性能不符合国家现行有关标准的要求，影响整体安全可靠和正常使用
Ⅳ	管线性能极不符合国家现行有关标准的要求，已经严重影响整体安全可靠和正常使用

管线安全性评定分级标准及处理要求见表 4-20。

表 4-20　管线安全性评定分级标准及处理要求

等级	分级标准	处理要求
Ⅰ	符合国家现行有关标准的安全性要求，整体安全可靠	可不采取措施
Ⅱ	略低于国家现行有关标准的安全性要求，尚不影响整体安全	可能个别区段或局部构造应采取措施
Ⅲ	不符合国家现行有关标准的安全性要求，影响整体安全	应采取措施，且可能极少数区段应及时或立即采取措施
Ⅳ	极不符合国家现行有关标准的安全性要求，已严重影响整体安全	必须立即采取措施

管线使用性评定分级标准及处理要求见表 4-21。

表 4-21 管线使用性评定分级标准及处理要求

等级	分级标准	处理要求
Ⅰ	符合国家现行有关标准的使用性要求，能正常使用	可不采取措施或可能有个别区段应采取措施
Ⅱ	略低于国家现行有关标准的使用性要求，尚不影响整体正常使用	可能个别区段或局部构造应采取措施
Ⅲ	不符合国家现行有关标准的使用性要求，影响整体正常使用	应采取措施，且可能极少数区段应及时或立即采取措施
Ⅳ	极不符合国家现行有关标准的使用性要求，已严重影响整体正常使用	必须立即采取措施

4.5 设备性能评定

4.5.1 调查与检测

1. 检测项目类别划分

设备调查与检测的目的是在对设备使用现状进行深入剖析的基础上，为后续性能评定提供安全可靠的参数指导。综合考虑设备已用年限占比、资料情况、维修难易度、设备价值、设备类别等因素，将设备性能检测项目分为三类(表 4-22)，以便后期更好地开展检测工作。

表 4-22 检测项目类别划分标准

设备已用年限占比 r	资料情况	维修难易度	设备价值	设备类别
$0<r\leqslant 0.3$	有效	简单	高	3 类
		一般	高	2 类
		简单	中	2 类
		一般	中	2 类
	其他情况			1 类
$0.3<r\leqslant 0.5$	有效	简单	高	3 类
		一般	高	2 类
		简单	中	2 类
	其他情况			1 类
$0.5<r\leqslant 0.8$	有效	简单	高	3 类
		一般	高	2 类
	其他情况			1 类
$0.8<r\leqslant 1.0$	有效	简单	高	2 类
	其他情况			1 类
$r>1.0$	—	—	—	1 类

注：1. r 表示设备已用年限占比，为设备已使用年限与设计使用年限的比值；

2. 设备维修难易度分为困难(需外单位修理或维修费用高)、一般(部分由外单位修理)、简单(不需外单位修理且维修费用低)。

2. 设备性能调查与检测内容

设备性能调查与检测包括使用条件调查和设备现状调查与检测等。

1) 使用条件调查

使用条件调查应包括设备荷载调查、使用环境调查、维修和改造历史调查。

(1) 设备荷载调查。设备荷载调查应包括设备改造后的新增设备荷载、积灰荷载、振动荷载或者由其他设备引起的荷载对待评设备产生的影响。

(2) 使用环境调查。使用环境调查应包括对设备性能造成影响或破坏的环境调查，调查项目见表 4-23。

表 4-23　使用环境调查

调查类别	调查项目
设备工作环境	调查环境温度、空气相对湿度、污染源、电源电压波动值等对设备的影响
设备运行状态	调查设备常用工作功率、可提供出力及产品质量等对设备的影响
设备历史状态	调查设备利用率、故障率、功能落后程度以及日常维修保养状况等对设备的影响

(3) 维修和改造历史调查。维修和改造历史调查应包括设备用途、使用年限、生产条件的变化，历次改造、检测、升级、维修、维护等情况。

2) 设备现状调查与检测

(1) 设备现状调查。设备现状调查内容应包括：①检查设备中易接触部位，不应有危害性较大的锐边、尖角、凸出或开口；②检查设备附件以及设备与建筑的连接节点，附件及节点应牢固可靠；③检查设备中是否设有由于误操作或过载及正常操作时突然失效、失控、失压而可能发生危险的防护设备；④检查设备中承受介质压力部件是否有与该设备使用等级相符的安全装置。

(2) 设备现状检测。设备现状检测应包括通用检测项目和专用检测项目。设备现状检测应以无损检测为主、有损检测为辅；宜避免影响或破坏设备的工作性能。检测项目见表 4-24。

表 4-24　设备检测项目

检测项目		设备类别		
		1 类	2 类	3 类
通用检测项目	设备铭牌、标牌	√	√	√
	管线排布状况	√	√	√
	附件及工具	√	√	√
	安全保护措施	√	√	√
	强度和刚度	△	△	√
	构造与连接	√	√	√
	尺寸与偏差	△	△	√
	损伤、锈蚀	√	√	√

续表

检测项目		设备类别		
		1类	2类	3类
专用检测项目	运行噪声	△	√	√
	振动	△	√	√
	泄漏	△	√	√
	运行温度	△	√	√
	耗能指标	△	△	√
	其他专用检测项目	△	√	√

注：表中“√”表示必做项目，“△”表示选做项目。

4.5.2 分析与校核

1) 分析与校核原则

设备性能评定前，应对设备调查与检测结果进行整理、分析和计算，在此基础上综合评定设备性能，对评定数据不全的设备应进行补测。设备性能的分析与校核应遵循下列原则。

(1) 设备分析与校核方法应符合国家现行设计规范的规定；当需要通过荷载试验测定设备的性能时，应按有关的国家现行标准规范执行。

(2) 设备分析与校核所采用的计算模型应符合设备的实际受力和构造连接情况。

(3) 当设备受到不可忽略的温度、地基变形等作用时，应对它们产生的附加作用效应进行综合考虑。

(4) 当设备材料的种类和性能符合原设计时，可按原设计标准值取值；当设备材料的种类和性能与原设计不符或材料性能已显著退化时，应根据实测数据按国家现行有关检测技术标准的规定取值。

(5) 设备构件的几何参数应取实测值，并结合设备构件实际的变形、施工偏差以及裂缝、缺陷、损伤、腐蚀等因素的影响进行确定。

2) 分析与校核流程

设备分析与校核应结合设备的实际情况，在对其现状进行调查与检测的基础上，采集模型相关数据，根据设备的相关类型和特性，明确设备的相关参数，确定设备所处的边界条件，了解设备荷载类型，构建分析与校核模型，参照国家现行有关标准的规定，对设备性能进行分析，其具体流程如图 4-6 所示。

4.5.3 性能评定

设备性能评定等级应根据调查与检测结果及设备现状情况，在分析与校核的基础上进行评定。设备性能评定包括设备安全性评定和设备使用性评定。性能评定等级应按设备安全性和使用性评定结果确定，取二者较低等级作为性能评定等级。设备性能评定等级标准见表 4-25。

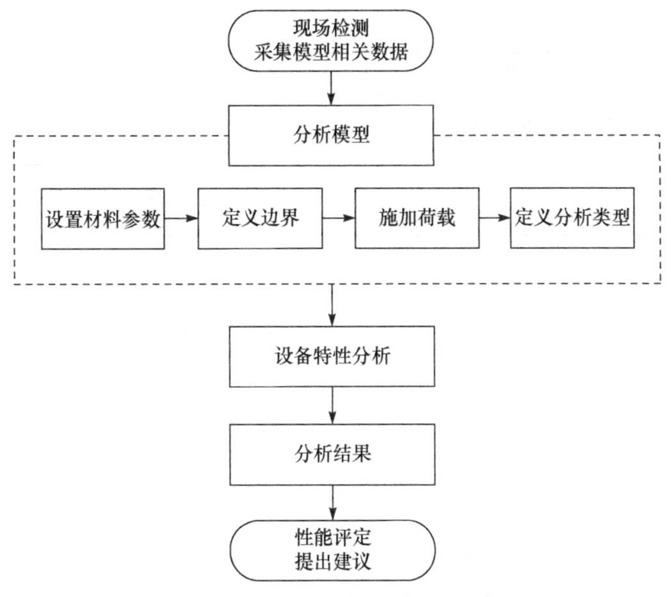

图 4-6　设备分析与校核流程

表 4-25　设备性能评定分级标准

等级	分级标准
Ⅰ	设备性能符合国家现行有关标准的要求，整体安全可靠，正常使用
Ⅱ	设备性能略低于国家现行有关标准的要求，尚不影响整体安全可靠和正常使用
Ⅲ	设备性能不符合国家现行有关标准的要求，影响整体安全可靠和正常使用
Ⅳ	设备性能极不符合国家现行有关标准的要求，已经严重影响整体安全可靠和正常使用

设备安全性评定分级标准及处理要求见表 4-26。

表 4-26　设备安全性评定分级标准及处理要求

等级	分级标准	处理要求
Ⅰ	符合国家现行有关标准的安全性要求，整体安全可靠	可不采取措施
Ⅱ	略低于国家现行有关标准的安全性要求，尚不影响整体安全	可能个别部位或局部构造应采取措施
Ⅲ	不符合国家现行有关标准的安全性要求，影响整体安全	应采取措施，且可能极少数部位或构造应及时或立即采取措施
Ⅳ	极不符合国家现行有关标准的安全性要求，已严重影响整体安全	必须立即采取措施

设备使用性评定分级标准及处理要求见表 4-27。

表 4-27　设备使用性评定分级标准及处理要求

等级	分级标准	处理要求
Ⅰ	符合国家现行有关标准的使用性要求，能正常使用	可不采取措施或可能有个别部位应采取措施，处理后能正常使用
Ⅱ	略低于国家现行有关标准的使用性要求，尚不影响整体正常使用	可能个别部位或局部构造应采取措施，处理后能恢复使用

续表

等级	分级标准	处理要求
Ⅲ	不符合国家现行有关标准的使用性要求，影响整体正常使用	应采取措施，且可能极少数部位或构造应及时或立即采取措施，处理后可能恢复使用
Ⅳ	极不符合国家现行有关标准的使用性要求，严重影响整体正常使用	必须立即采取措施，但可能处理后不能恢复使用

当设备使用期间内发生过下列情况时，性能评定等级应定为Ⅳ级：①使用期间内发生过重大生产安全事故；②设备设计使用性能明显落后于同类设备；③超出设备规定使用年限。

思　考　题

4-1. 土木工程再生利用性能评定的主要内容有哪些?

4-2. 简述土木工程再生利用性能评定的基本流程和要点。

4-3. 简述建(构)筑物结构性能调查与检测项目类别确定的依据。

4-4. 简述建(构)筑物结构性能调查与检测的主要内容。

4-5. 简述道路性能调查与检测的主要内容。

4-6. 简述管线性能调查与检测项目类别确定的依据。

4-7. 简述管线性能调查与检测的主要内容。

4-8. 如何确定管线性能评定的分级标准? 管线安全性和使用性评定的分级标准和对应的处理要求是什么?

4-9. 简述设备性能调查与检测项目类别确定的依据。

4-10. 简述设备性能调查与检测的主要内容。

参考答案

第 5 章 土木工程再生利用项目设计

5.1 项目设计基础

1. 基本内涵

项目设计是指对工程项目的建设提供有技术依据的设计文件和图纸的整个活动过程，是建设项目生命周期中的重要环节，是建设项目进行整体规划、实现具体实施意图的重要过程，是科学技术转化为生产力的纽带，是处理技术与经济关系的关键性环节。

土木工程再生利用项目设计是指对失去原有使用功能而被废弃或闲置的既有土木工程项目进行重新规划与设计，使其再次得到开发利用。通过对既有土木工程项目的再开发与再利用，使其具备新的功能。其再生为满足现代社会使用要求的活动空间，使其既能够满足城市社会发展的需要，又能够达到环境友好性、资源节约性、经济优越性的需求，更有利于建筑价值、历史价值与艺术价值的延续。

2. 主要内容

土木工程再生利用项目设计主要包括再生模式设计、区域规划设计、单体建筑设计与生态环境设计。

1) 再生模式设计

再生模式设计应遵循经济、社会、环境综合效益最大化的原则，对影响再生利用的特征因素进行全面分析，以选择合适的再生利用模式。

2) 区域规划设计

区域规划设计是通过对建(构)筑物及其周边区域的宏观规划，规范区域原有风貌和留存要素，保护地域文化，挖掘经济潜力，保护生态平衡，推动区域生态、经济、社会的可持续发展。

3) 单体建筑设计

单体建筑设计是指对失去原有使用功能且闲置的既有建筑及其附属建筑进行再生设计，使其具备新的功能，满足新的使用要求，同时，在功能转换的基础上，使其起到节约成本与资源、传承历史文化等作用。

4) 生态环境设计

生态环境设计是指对建筑及区域的空间环境进行再生设计，以生态保护、环境优化、节能减排为核心，在环境设计中最大限度地发挥其生态效益，提高环境的整体舒适度。

3. 工作流程

土木工程再生利用项目设计的工作流程如图 5-1 所示。

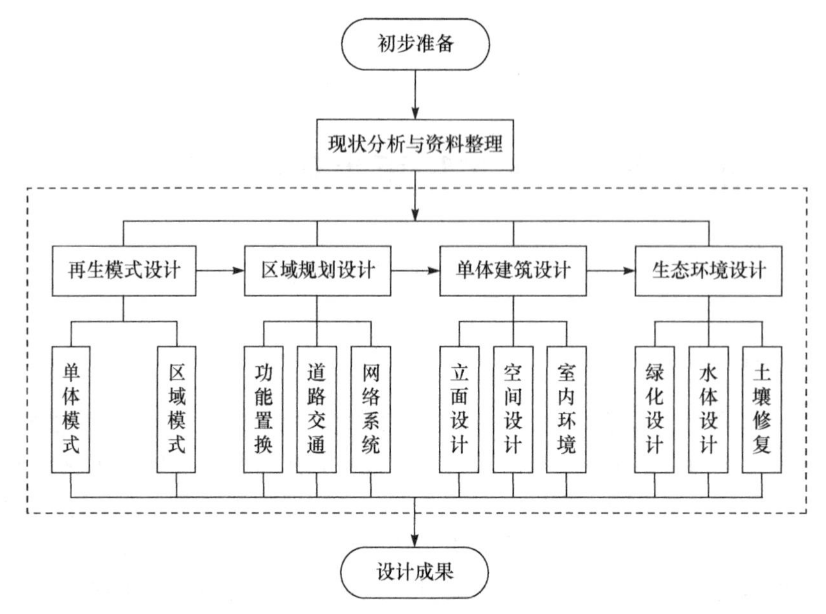

图 5-1　项目设计工作流程

5.2　再生模式设计

5.2.1　影响因素

1. 政策因素

近年来，为响应我国在《中共中央 国务院关于进一步加强城市规划建设管理工作的若干意见》中的各项要求，提升城市文化品质、推动城市产业升级、增强城市活力和竞争力，各省陆续出台了许多关于老旧建筑、老旧厂房、棚户区、老城区等再生利用方面的相关政策法规。表 5-1 汇总了近年来我国部分地区制定的与再生利用相关的政策法规。

表 5-1　我国部分地区制定的再生利用相关政策法规汇总

省/市	政策法规名称	发文单位	时间
北京	《北京市 2020 年棚户区改造和环境整治任务》	北京市人民政府办公厅	2020.03
	《2020 年老旧小区综合整治工作方案》	北京市住房和城乡建设委员会	2020.05
上海	《关于深化城市有机更新促进历史风貌保护工作的若干意见》	上海市人民政府	2017.07
	《上海市城市更新实施办法》	上海市人民政府	2015.05
	《上海市房屋立面改造工程规划管理规定》	上海市规划和国土资源管理局	2014.12
广东	《关于深入推进“三旧”改造工作的实施意见》	广东省国土资源厅	2018.04
佛山	《鼓励旧厂房改造促进工业提升发展奖励办法》	佛山市人民政府	2017.07
惠州	《惠州市“三旧”改造用地协议出让缴交土地出让金办法》	惠州市人民政府	2017.12
	《惠州市住房和城乡规划建设局关于海绵城市建设管理的暂行办法》	惠州市住房和城乡规划建设局	2017.12

续表

省/市	政策法规名称	发文单位	时间
杭州	《杭州市工业遗产建筑规划管理规定(试行)》	杭州市人民政府	2012.12
河北	《2020 年提升规划建设管理水平促进城市高质量发展的实施方案》	河北省住房和城乡建设厅等七部门	2020.02
浙江	《2020 年度全省城市建设管理工作要点》	浙江省住房和城乡建设厅	2020.03
湖南	《关于推进全省城镇老旧小区改造工作的通知》	湖南省住房和城乡建设厅、省发展和改革委员会、省财政厅	2020.04
山东	《山东省深入推进城镇老旧小区改造实施方案》	山东省人民政府	2020.03
海南	《海南省城镇老旧小区改造指导意见(试行)》	海南省住房与城乡建设厅等	2020.03
安徽	《安徽省城镇老旧小区改造技术导则(2020 修订版)》	安徽省住房和城乡建设厅	2020.04

2. 社会因素

在构建和谐社会的大前提下，如果工程建设项目的社会影响较为负面，必然会导致投资方所预想的经济效益无法实现。相反，如果工程项目的社会反响很好，也必然对投资方的经济效益有所提升。可见，经济效益与社会效益是正相关关系。衡量工程项目社会效益的指标很多，但多为定性指标。对于土木工程再生利用项目来说，衡量其社会效益的指标主要包括项目对地域经济发展的影响能力，为当地提供就业机会的能力，与当地社会民俗环境的协调统一程度，全过程中对自然、历史、文化遗产的保护程度，建设及运营过程中对周边居民的干扰程度以及对区域文化水平和文明程度的提升能力等。

3. 环境因素

既有土木工程本体及其自身的物质与非物质构成内容，在整体的遗产环境当中占据绝对主导和控制地位，它们对周边建筑环境有重要的视觉影响和主客观影响，是环境改造和重塑设计的重要特色元素，也是影响环境空间未来变化的主要因素。周边环境的物质要素和非物质要素，则是在对既有建筑周边整体环境的规划设计中，规划师和建筑师等专业人员可以着重进行再生设计的对象。其中，物质要素主要包括自然环境要素、人工环境要素两类。非物质要素主要是指历史事件、历史记载、传统技艺以及社会环境要素等内容，这些要素并非以物质实体的形式存在，需要通过人工环境要素作为物质空间载体反映出来，也就是把精神层面的内容经过合理的解读转化为物质形式反映出来。

5.2.2　单体模式

1. 商业类场所

商业类场所是以商业、休闲、金融、保险、服务、信息等为主要业态的公共场所。它们经过适度改造和空间划分后，可适应多种商业空间。历史底蕴和时尚美感使其更具商业特色。

随着城市的发展，部分建筑的旧址所处的地段逐渐成为城市的中心地带，设计师和开发商都考虑到其改造后的新功能可以更好地与原来的环境空间融合，综合厂房的自身条件，将其改造为商业空间及步行街，如商场、批发市场、制造厂、餐厅、酒店等。图 5-2、图 5-3 分别是上海 19 叁Ⅲ老场坊、南昌市壹 9 二七。

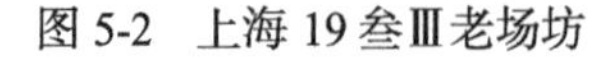

图 5-2　上海 19 叁Ⅲ老场坊　　　　图 5-3　南昌市壹 9 二七

商业类场所再生模式设计时主要考虑两方面因素：①考虑项目区位、市场需求、周边商业密集度及购买力等因素，并保障客流量；②应合理组织项目与城市交通的联系，商业类场所的出入口位置根据交通影响评价确定。

2. 办公类场所

办公类场所是将原有建筑空间进行分隔改造形成的固定工作场所。以大空间多人共享的工作方式取代单一小隔间的工作方式，顺应了办公方式的转变。

许多艺术家将办公室搬进旧仓库，通过敏锐的艺术眼光和设计手法为旧仓库注入了新的活力，再生设计后的旧建筑摇身一变成为具有现代风格气息且使用功能改变的办公空间，同普通办公场所相比，它们有较高的艺术价值和品质，同时建筑本身也具有独特的文化价值。图 5-4、图 5-5 分别是德国 BwLIVE 办公室、中国南昌 8090 梦工厂。

图 5-4　德国 BwLIVE 办公室　　　　图 5-5　中国南昌 8090 梦工厂

办公类场所再生模式设计时主要考虑两方面因素：①应符合现代办公空间灵活、多样、协调、舒适的要求。②应合理进行建筑平面布置，可参照建筑模数确定空间尺寸。

3. 场馆类场所

场馆类场所是指包括观演建筑、体育建筑、展览建筑等在内的空间开敞的公共场所。

它们以大空间及历史感为基础，实现馆内功能的灵活划分，并满足不同的场馆要求。

部分建(构)筑物具有大空间、高屋架、良好的采光通风等特质，具备改造为场馆类场所的优势。场馆类场所改造的案例较多，一部分再生后的使用功能为展览馆、画廊等；如果是遗址建筑，其自身具有典型的建筑风格、艺术效果和文化景观，再生后的使用功能为博物馆、纪念馆等。这既是保护建筑遗产的有效手段，还可以“变废为宝”，是一种积极且值得大力提倡的再生设计方式。图 5-6、图 5-7 分别是上海当代艺术博物馆、沈阳中国工业博物馆。

图 5-6　上海当代艺术博物馆

图 5-7　沈阳中国工业博物馆

场馆类场所再生模式设计时主要考虑两方面因素：①要合理组织场馆空间流线，使其满足功能联系紧密、使用高效便捷、易于维护管理等要求；②应注重安全疏散和紧急逃生系统设计，主出入口应设置疏散广场，步行系统与城市交通间宜设置缓冲区。

4. 居住类场所

居住类场所是将既有建筑等改造为住宅式公寓、酒店式公寓、城市廉租房等居住场所；改造为多层小空间组合，如住宅式宿舍、酒店式客房等，提升土地利用率。

既有建筑再生设计为公寓住宅时，可利用既有建筑原有空间宽阔的特点，再运用模数化手段将要改造的居住空间分为一个个的单元，这种设计具有空间简洁和结构设备经济、面积小、开间小等优点。这种将既有建筑再生设计为居住类场所的项目，较之新建的住宅建筑可以节省较大的建设成本，建成后可以相应收取较低的费用。通过这种方式，加上政府及相关部门给予一定的政策引导，使这些再生后的居住类场所为生活有困难的群体带来真正意义上的实惠和便捷。图 5-8、图 5-9 分别是荷兰 Deventer 旧工业区住宅、中国深圳艺象 iDTown 设计酒店。

居住类场所再生模式设计时主要考虑两方面因素：①需要综合考虑用地条件、选型、朝向、间距、环境等因素；②居住类场所对采光、通风、保温、隔热等的要求应按现行标准的相关规定执行。

5. 应急类场所

应急类场所是指在发生社会性事件或自然灾害性事件后为人类提供庇护性和适应性的场所。在应急情况下，既有建筑可以依据建筑空间布局特点改造为相应的庇护场所。

图 5-8　荷兰 Deventer 旧工业区住宅

图 5-9　中国深圳艺象 iDTown 设计酒店

如体育馆、厂房等大空间建筑，可利用其场地宽阔、流线明确、多出入口和再生便捷性等特点，在短时间内将其快速改造为临时应急场所，提高庇护场所搭建的快速性、便捷性与安全性。图 5-10、图 5-11 分别是武汉洪山体育馆“方舱医院”、武汉体育中心“方舱医院”。

图 5-10　武汉洪山体育馆“方舱医院”

图 5-11　武汉体育中心“方舱医院”

应急类场所再生模式设计时主要考虑两方面因素：①场所空间较大，能够容纳较多人员或储放较多应急物资，便于人员流动和管理；②充分考虑足够尺度的疏散广场与足够数量的出入口，水、电等各类设施能够满足应急需求。

5.2.3　区域模式

1. *历史街区*

历史街区是能较为完整地体现出某一历史时期的传统风貌和民族地方特色的文化街区。应根据遗存的文物古迹、近现代史迹和历史建筑，以保护其整体风貌、历史文脉和街巷脉络为原则，集合商业、旅游、文化休闲等功能，更好地传承历史文化精神，延续城市发展的文化脉络。

历史街区是城市发展的见证者，是历史记忆的储存罐，每个历史街区都有独特的文化内涵与特征，具有聚集性、层次性、地域性和辐射性。重在保护历史街区外观的整体风貌，不但要保护文物古迹和历史建筑，也要保存构成整体风貌的所有要素，如道路、街巷、古树等。图 5-12、图 5-13 分别是海南骑楼历史街区、成都远洋太古里。

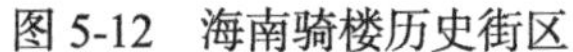

图 5-12　海南骑楼历史街区

图 5-13　成都远洋太古里

历史街区再生模式设计时主要考虑两方面因素：①应延续历史街区的文脉，正确处理恢复历史街区的历史记忆与增强其现代化冲突的问题，使双方有机融合、和谐统一；②要把握好历史街区在城市结构环境中的地位、布局和使用方式等功能性问题，发挥历史街区特有的深厚的社会文化内涵，充分发挥其标志性的空间魅力和历史底蕴，使其获得使用价值上的最大化。

2. 景观公园

景观公园是将具备历史文化价值的建筑、设备等的保护修复与景观设计相结合，通过重新整合后形成的公共绿地。应以废弃地生态恢复为基础，构建休闲场所，延续场地文脉，将社会活动重新引入。

既有建(构)筑物本身就散发着一种历史的气息，将其改造成公园为人们提供了一个很好的场所，使他们可以游玩、休息、怀旧等，丰富当地的文化活动。这种新颖、大胆的改造尝试，大大提高了人们走出来的可能，加强了人们的参与性。图 5-14、图 5-15 分别是德国鲁尔工业区、中国中山岐江公园。

图 5-14　德国鲁尔工业区

图 5-15　中国中山岐江公园

景观公园再生模式设计时主要考虑两方面因素：①要体现生态宜居的设计理念；②要将旧建筑、设备设施与景观设计相结合。

3. 教育园区

教育园区是将建筑群或原有园区改造为教室、图书馆、食堂、宿舍等教育配套设施，使其与区域整体环境设计相结合而形成的园区。应以区域整体环境为依托，将既有建筑空间进行分割，改造为教室或图书馆等教育设施，形成良好的文化氛围。

近年来有设计者综合场地、区位等多方面的因素，将规模较大的建筑群或工业区改建为学校等教育类功能的建筑。这在旧建筑再生设计领域已经成为一个方向，主要针对的是具有保留价值及使用功能的旧建筑，改造时可以根据学校自身的实际情况就地取材，将旧建筑通过再生设计继续作为教学空间投入使用。图 5-16、图 5-17 分别是内蒙古工业大学建筑馆、西安建筑科技大学华清学院 1 号和 2 号教学楼。

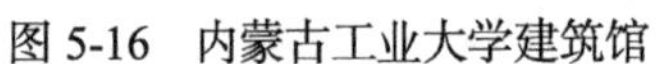

图 5-16　内蒙古工业大学建筑馆

图 5-17　西安建筑科技大学华清学院 1 号、2 号教学楼

教育园区再生模式设计时主要考虑三方面因素：①有利于形成安全、文明、卫生的教学育人环境；②注重园区规划、建筑风貌、教学环境及交际空间的设计；③合理配置具有教学、住宿、餐饮、图书、体育、医疗、卫生等功能的场所。

4. 创意产业园

创意产业园是以文化、创意、设计、高科技技术支持等业态为主的产业园区。应以历史文化和艺术表现为基础，延续城市建筑多样性，维持城市活力，连带创意产业共同发展。

在旧建筑(群)转化为创意产业园的过程中，在新旧功能和空间形式方面存在着可以转化的中间领域。对原有空间进行充分利用和保护是其初衷，而在改造中将原有大空间分隔成小空间或者将原有分层空间拆除成单层大空间都是一种再生的方式。在再生过程中，根据实际的风格和功能特点来选择不同类型的既有建筑进行再生利用，能够减少再生经费，充分利用建筑的特点营造出极具震撼性的空间。图 5-18、图 5-19 分别为苏州姑苏 69 阁、西安大华 1935。

图 5-18　苏州姑苏 69 阁

图 5-19　西安大华 1935

创意产业园再生模式设计时主要考虑两方面因素：①以文化创意类业态为主，并合理配置商业、餐饮、休闲、娱乐等附属业态；②充分利用区位条件、产业基础、特色资源等优势。

5. 特色小镇

特色小镇是集合工业企业、研发中心、民宿、超市、主题公园等多种业态，功能完备、设施齐全的综合区域。应依据遗留特色建筑，以旅游休闲为导向，使特色小镇集商业、旅游、文化休闲、交通换乘等功能于一体。

特色小镇是具有特色与文化氛围的现代化群落，确切地说，特色小镇不是传统意义上的镇，它虽然独立于市区，但不是一个行政区划单元；特色小镇也不是地域开发过程中的“区”，有别于工业园区、旅游园区等概念；特色小镇更不是简单的“加”，单纯的产业或者功能叠加，并不是特色小镇的本质。特色小镇是具有明确产业定位、文化内涵、旅游和一定社区功能的发展空间平台，是将生态、生产、生活有机融合的生态圈。图 5-20、图 5-21 分别为成都洛带古镇、杭州艺创小镇。

图 5-20　成都洛带古镇

图 5-21　杭州艺创小镇

特色小镇再生模式设计时主要考虑三方面因素：①利用既有资源优势，设置主导产业，形成业态集聚；②主导产业应与区域发展规划相协调；③宜体现主题鲜明、文化保护、生态优美等设计理念，并兼顾旅游和居住功能。

5.3　区域规划设计

5.3.1　功能置换

1. 功能置换的原则

1) 经济实用性原则

为了保证再生利用的有效性，在拆除、新建与扩建的交织中，应合理处理“新”与“旧”的关系，最大限度地保护生态环境，利用既有建筑物与空间的关系，使再生后的建筑更加适宜人们的使用需求。通过新旧平面要素的整合，使改造之后的总平面功能布局在衔接新的功能要求的同时，能够传承历史文化。图 5-22、图 5-23 为北京 798 艺术区。

图 5-22　北京 798 艺术区建筑场景

图 5-23　北京 798 艺术区景观小品

2) 继承性原则

总平面布置再生利用是指将新的功能布局赋予在原来的总平面之上，这种功能布局需要适应新的发展，满足新的功能要求，同时也应该满足人们对再生利用的环境要求。区域规划是对总平面设计中的各要素进行优化重组的过程，是指在旧的功能布局或者总平面布置的基础上，将原来的建筑物、路网、环境等重新融合到新的总平面设计中去，并将其作为新功能的要素，以缩短建设时间，节约投资成本。因此，再生利用的总平面布置应该是新旧总平面布置的综合。图 5-24、图 5-25 分别为苏州平江路历史街区、成都太古里商业街区。

图 5-24　苏州平江路历史街区

图 5-25　成都太古里商业街区

3) 原真性原则

区域环境是通过要素的空间布局来体现的，是建筑总平面设计的重点。作为构成环境的不同要素，尤其是构成新旧总平面的建(构)筑物，相互之间必然存在着排斥或者摩擦，必须通过整合来实现新旧总平面之间的协调与协作，使其共生于一个整体之中。为了实现两者之间有机且有序的渗透，环境也必须与之相适应，以形成一个规律而协调的整体。图 5-26、图 5-27 分别为上海 19 叁Ⅲ老场坊#1 和#2。

2. 功能置换的空间组织形式

1) 向心式空间组织形式

向心式空间组织形式是较为普遍的空间组织形式，也是空间构成中经常用到的设计形式，具有几何形式的特点，一般以一个中心形体为主，次要空间都围绕中心主要空间呈不同功能需要的形式展开。因其主题空间具有向心性的特点，从而使得最终所形成的空间形态具有强烈的向心性，在一定程度上具有标识性的作用。

图 5-26 上海 19 叁Ⅲ老场坊#1

图 5-27 上海 19 叁Ⅲ老场坊#2

2) 连续性空间组织形式

连续性空间组织形式是空间的联系方式，根据功能需要使空间之间做逐个连接，或由一个独立的形式把它们联系在一起。连续性空间是以功能、尺度在空间内连续重复地出现而构成的；或是将不同尺度和功能的空间串联起来，以一条轴线将这些空间组织起来而构成的。

3) 辐射式空间组织形式

辐射式空间组织形式是向心式和连续性空间组织形式的有机结合，它需要具备一个中心空间和一个向外做扩展的空间。向心式空间形态是为了强调中心空间功能和特点的组织形式，而辐射式空间形态是为了强调空间形式的张力的组织形式，它所突出的是空间的扩展，呈现的视觉感是以正方形或者矩形图案来组织出有规律的空间延伸。

4) 可拆分式空间组织形式

可拆分式空间组织形式是将根据功能划分出的小空间相互连接所得到的一种空间形式。可拆分式空间组织形式具有灵活多变的特性，它是可以根据功能需要进行变化但不影响其空间品质的组织形式。可以将具有相似形状及功能特性的小空间排列在一起；也可以在一个大空间中，将尺寸、形式、功能不完全相同的小空间通过建立联系加以协调。一般可拆分式空间组织形式中没有特定的中心，因此必须通过组织出的图形来显示空间所特有的属性。

5) 错落式空间组织形式

错落式空间组织形式是指在建筑内部空间组织中，根据功能需要进行艺术化处理的空间形态，可分为下降式空间和举升式空间两类。

5.3.2 道路交通

1. 道路交通布置的原则

原有道路网络相对密集，缺乏系统性，多种交通方式相互交织，道路功能混杂，机动车与非机动车和行人之间缺乏有效的隔离。因此，道路规划应按照“快慢分离、动静分区”的原则进行，具体要求如下。

(1) 充分尊重既有道路肌理。尽可能利用既有的道路，适应人们的交通习惯和识别性要求。通过对道路现状的分析，查找存在的问题，结合区域发展对道路系统的需求，提出设计策略。

(2) 优化道路网络。由于新旧建筑交融，道路肌理较为丰富，为了实现交通需求的多样化，应充分考虑主干道和支路的相互配合作用，优化路网，有效疏导交通。

(3) 提高路网适应性。道路交通再生设计时，应提高道路系统的适应性，使其能够满足未来发展的需要，在创造可行性和改造简易性方面进行动态的弹性设计。

(4) 注重整体协调性。不仅要求区域道路交通与城市整体交通相协调，也应使其与区域整体风貌相互协调。

2. 交通结构改善

交通结构改善的目的在于从宏观层面对交通状况进行考量，改善区域交通框架，使其与城市整体交通网络衔接。

(1) 完善周边干线道路，形成交通保护环。对周边道路的交通状况进行改善，建立分流体系，优化路网结构，缓解过境交通干道的压力，同时引导机动车辆选择周边道路绕行。对于没有过境交通干道的区域，在完善周边环线的基础上，应该采取一定措施控制进入区域的机动车数量。

(2) 设立单行线，发展单向交通。利用单向交通来解决城市道路拥挤的问题，单向交通必须与路网系统和道路交通系统相协调，使之能够为城市交通系统提供良性循环。单向交通组织有三种实施模式：“曼哈顿模式”、“伦敦模式”和“新加坡模式”，如图 5-28 所示。

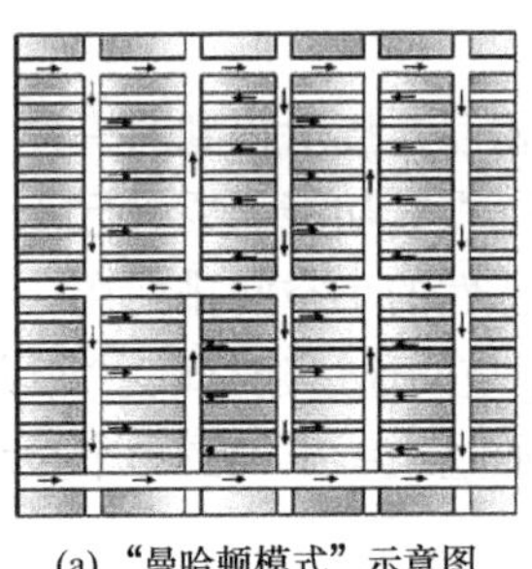
(a) “曼哈顿模式”示意图

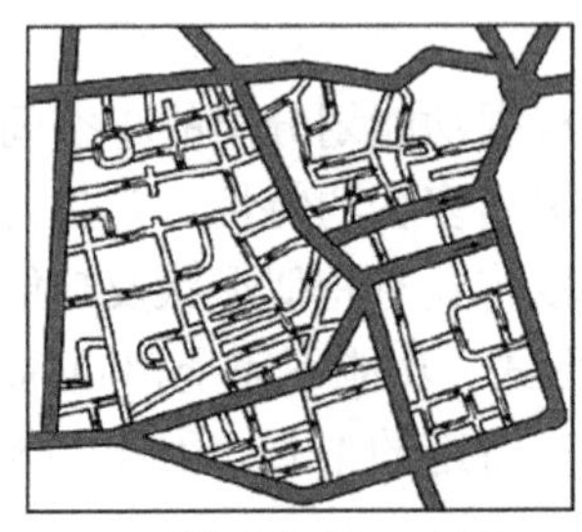
(b) “伦敦模式”示意图

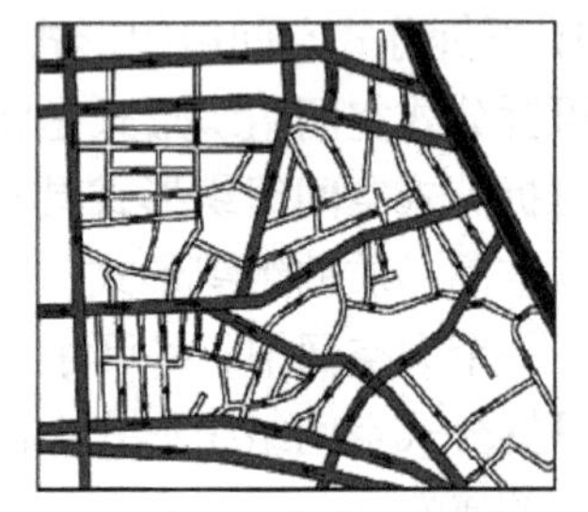
(c) “新加坡模式”示意图

图 5-28　单向交通组织的实施模式

(3) 开发建设地下空间。对于土地利用与道路功能不协调的问题，可以通过开辟地下空间来缓解，把主要交通流引入地下，在地上设置完全步行的交通空间，提高交通设施的运行效率。充分利用现有的停车资源，建立地面和地下的停车方式，将停车系统与步行、轨道交通、常规公交等有机结合，将过去“人到车到”的传统停车模式向“外部停车+步行/自行车”的模式转变，有效缓解停车位不足的问题。

3. 慢行交通设计

慢行交通系统是指通过步行或自行车等方式运输人的系统，包括步行系统和非机动车系统。开发慢行交通系统，可以提高道路资源利用率，缓解交通压力，也有助于促进绿色出行。

(1) 合理划分交通空间。针对区域的具体交通条件，可以建立“BRT+自行车”和“BRT+步行”交通换乘系统。在主干道或环路上设置新型公交车站，在公交车站入口或地铁站附近设置自行车停车场，实现居民的无缝连接；也可以采用“常规公交+自行车搭载”车辆整合方式，在延长区段设置自行车牵引区，使自行车与公交车无缝连接，使乘客可以转乘。

(2) 改善过街系统。过街系统应与主干道、广场和步行商业街形成连续的步行空间。连续的步行空间有助于提高过街设施的利用率，有效解决过街交通问题。对于部分交通车道存在的路面宽、交通繁忙或通行时间短、不能一次穿越的情况，可设计二级过街系统，保证过街行人的安全和舒适；或者合理设计过街天桥和地下通道，引导行人在通行时可以选择过街天桥或地下通道。

(3) 优化慢行圈。根据区域周围和内部不同等级的道路，利用现有的道路系统创造一个慢行圈。考虑区域文化因素，可以创造慢行道、生态景观慢行道或滨水慢行道。通过铺路、素描、绿化等方式增强道路的趣味性和可识别性，同时完善区域功能，满足游客和居民的基本生活需求，减少人们的出行距离。

5.3.3　网络系统

1. 给排水系统设计

(1) 给水管网的布局改造。再生利用项目设计主要是针对既有建筑进行改造，一般原有的给水管网管径较小，且主要以枝状管网为主。为提高规划区的用水安全性，给水管网宜布置成环状网或与城镇给水管网连接成环状网。环状给水管网宜采用“双管进水”，即与城镇给水管网的连接管不宜少于两条。

(2) 给水管道设计流量的确定。给水管道设计流量是确定给水管网管径的主要依据。考虑到大多数再生利用项目的用地规模偏小，规划给水管网管径时可参照《建筑给水排水设计标准》(GB 50015—2019)中居住小区给水管道设计流量的计算方法来进行确定。

(3) 排水体制的选择。再生利用项目均按照分流制进行控制，有利于排水系统的改造，实现从建筑内部到市政排水系统的完全分流。

(4) 雨水工程的规划。规划雨水管网时，应根据道路系统相应地调整管线的走向，并根据调整后的汇水面积、地面类型等重新确定雨水管管径、坡度及管底设计标高等。

2. 电力系统设计

(1) 送电网设计。送电网应能接受电源点的全部容量，并能满足供应变电所的全部负荷。当区域负荷密度不断增长时，增加变电所数量可以缩小供电片区的面积，降低线损，但须增加配电网的投资。当现有供电容量严重不足或旧设备需要全面改造时，可采取电网升压措施。

(2) 配电网改造。高压配电网架应与二次送电网密切配合，可以互馈容量。高压配电网架宜按远期规划一次建成，当区域负荷密度增加到一定程度时，可插入新的变电所，网架结构基本不变。高压配电网中的主干线路和配电变压器都应有比较明显的供电范围，不宜交错重叠。高压配电网架的接线方式可采用放射式。低压配电网架的接线方式也一般采用放射式，负荷密集地区的线路宜采用环式，有条件时可采用格网式。

3. 供热系统设计

供热工程再生利用主要包括供热设施改造、供热管网改造、室内采暖系统改造，具体内容见表 5-2。供热系统再生设计的技术要求主要包括管网的敷设方式、管道保温及附件、调节与热计量，具体内容见表 5-3。

表 5-2　供热工程再生利用

项目	内容
供热设施	对原大型区域锅炉房的供热系统、配电系统、水处理及环保系统进行更新改造；热力站更新换热器、水泵、阀门、管道、过滤器、仪表等设备，对补水系统及附件进行保温改造，加装控制系统、流量或压力平衡设备、计量表、调速泵等节能设备
供热管网	管网改造项目中，改变敷设方式，重新敷设更换新管网，加装平衡阀及楼栋热量表；管网改造项目中，更换补偿器及阀门等设备，加装平衡阀及楼栋热量表
室内采暖系统	更新采暖设备，直管改为跨越管，加装温控阀，使室内采暖系统具备温度调控的条件

表 5-3　供热系统再生设计技术要求

技术要求	分类	内容
管网的敷设方式	—	以无补偿直埋敷设为主
管道保温及附件	防腐、保温	符合住房和城乡建设部规定的供热管道及附件对防腐、保温材料的要求和施工规范
	补偿器	尽量减少补偿器数量，以减少事故隐患；必须设置补偿器时，主要采用外压型波纹管补偿器
	阀门	更换或新安装的阀门应选用不易产生渗漏的连接和密封形式，一般宜由设计部门决定阀门的连接方式
调节与热计量	流量调节	加装自力式流量控制器或差压控制器，使二次管网水力失调度达标
	热计量	在建筑物供热管道热力入口处安装热量表，测量建筑物的实际耗热量，计算供热管网的热损失，为节能管理和计量收费提供依据
	热力站改造	选用换热效率高、占地面积小的板式换热器；选用静音、节能的高效率循环水泵。水处理参考《供热采暖系统水质及防腐技术规程》执行，补水定压方式为补水泵变频定压。为了利于供热工况调节，每个热力站的一次网侧应装设手动调节阀、差压(流量)控制器和热量表，二次网侧应装设手动调节阀。为了满足变流量调节的要求，热力站循环水泵应采用调速泵
	室内采暖系统	具备温度调控的条件

5.4　单体建筑设计

5.4.1　立面设计

建筑立面指的是建筑和建筑外部空间直接接触的界面及其展现出来的形象和构成的方式，或是建筑内外空间界面处的构件及其组合方式的统称。一般而言，立面个性建立在造型个性表达的基础上。不同建筑的空间组成与结构特征都是有差异的，这种差异正是个性表达的外露。立面设计的任务就是通过各种手法加强这种个性的表达。

1. 材料选择

既有建筑再生利用时，需要对原有材料进行严格的检测，对其老化程度做出综合的分析，然后决定是否保留这些材料。功能性材料包含旧建筑的承重结构、围护结构及附属构件的材料，与改造后建筑的使用安全指数和立面形态有很大关系。装饰性材料主要是指不参与建筑的功能活动，满足人们的视觉感受，向人们传达时代美感的建筑材料。通过对功能性材料和装饰性材料的保留与利用，使旧建筑的内容和文化得以延续，保留旧建筑的场所感，为建筑的再循环利用提供可能。图 5-29 是由德国杜伊斯堡海港区的一栋六层的红砖厂改造而成的当代艺术馆，图 5-30 是成都东郊记忆。

图 5-29　Kuppersmuhle 当代艺术馆

图 5-30　成都东郊记忆

2. 表皮处理

既有建筑表皮处理内容主要包括立面虚实、立面门窗、立面墙面、立面比例和立面尺度，见表 5-4。

表 5-4　既有建筑表皮处理主要内容

表皮处理	具体内容
立面虚实	①立面的虚是指行为或视线可以通过或穿透的部分，如空廊、架空层，洞口、玻璃面等；立面的实是指行为或视线不能通过或穿透的部分，如墙、柱等 ②大部分公共建筑立面上的虚实比重是不同的。即使同一幢建筑，不同立面的虚实关系也不均等，这主要取决于内外的各种因素 ③在具体立面设计中，要巧妙地处理好虚实关系，以获得生动的立面效果

续表

表皮处理	具体内容
立面门窗	①根据不同的功能要求和采光系数，依据相应的设计规范确定窗的最小尺寸 ②从结构圈梁及形式感而言，立面上窗上皮与门上皮应处于同一标高上，尽管门扇必须按人的正常尺度设计，但为了与窗上皮有和谐的对位关系，可通过调整门亮子使得窗上皮和门上皮处于同一标高
立面墙面	①立面除去门窗洞口以外便是墙体部分，墙体对于立面效果的影响甚大，具体表现为墙面的线条。线是建筑造型的基本要素之一，不同的线型运用在立面处理上可以产生不同的效果 ②巧妙地处理墙面的凹凸关系有助于加强建筑物的体积感。借助于凹凸所产生的光影变化，不但可改变现代建筑立面的平淡感，而且可以丰富立面的造型效果 ③角部可以被认为是立面的镶边，或者是面与面转折的结合部，出于结构的稳定需要，东西方传统建筑的转角都呈封闭形态。随着建筑材料、建筑技术、设计理论的发展，封闭角的形象越来越弱化，建筑师更加热衷于精雕细琢的角部，使得角部在现代建筑的立面设计中呈现出多样的手法 ④大多数公共建筑的立面要进行适当的装修，这样既可以保护墙体，也可以提升建筑的美观度。墙面装修主要从立面设计总效果出发，综合运用材料质感、色彩、细部装饰、图案等因素进行整体处理
立面比例	①包含立面整体和立面各构成要素自身的度量关系，以及相互之间的相对度量关系 ②横向发展的舒展比例，即立面长度尺寸大于高度尺寸，表达了建筑亲切轻快的特性；竖向发展的高耸比例，即立面高度尺寸大于长度尺寸，表达了建筑庄严崇高的特性
立面尺度	①研究立面整体和立面各构成要素与人体或者与人所习惯的某些特定标准之间的绝对度量关系。它能真实地反映建筑物的实际体量，也能以虚假尺度歪曲建筑物的实际大小 ②立面尺度应正确反映建筑物的真实体量，使之与人体相协调，立面上各要素的尺度应统一于整体尺度

3. 细部设计

建筑立面细部主要指建筑物檐口、雨篷、空调机位及墙面的分格。细部可以让观察者感知建筑的尺度，同时也传达着历史文化。一般情况下，体积相同时，大尺度的细部处理会使建筑整体显得矮小，而小尺度的细部处理则会使建筑整体显得高大。因此，在更新建筑立面时要考虑这些特征，把握好建筑的尺度。

细部设计能够对建筑设计进行完善和补充，即使它不是建筑的本质，却能使建筑的功能和形式更趋合理且产生美感。细部设计被用作立面更新的手段，主要方式有两种。

(1) 细部相似。对于细部而言，彼此相似的细部或部分会让人忽略它们之间的差异，有助于整体感的形成。呼应和重复是相似的两种类型，具体内容见表 5-5。

表 5-5　相似手法的运用方式

类型	内容
呼应	呼应是指细部彼此之间能够形成呼应。细部形式的相似性、色彩以及光影是影响建筑构图均衡、和谐、含蓄的外在因素。在细部构件的组织中，相似的构件之间构成呼应，从而使建筑立面构图具有整体统一感
重复	重复就是相同细部的排列。有意识地重复与渐变处理建筑物中重复的构图因素，可以使建筑的细部给人以更加强烈而深刻的印象。细部的重复处理，如柱廊的运用、栏杆的排布，都会给建筑带来秩序感和统一感

(2) 细部对比。细部对比的设计思路，一方面指在均质环境中引入异质的要素；另一方面指在杂乱中引入均质的要素来对比。对比手法的运用方式主要有三种类型，见表 5-6。

表 5-6　对比手法的运用方式

类型	内容
形式的对比	形式是物体的形状和结构，与其本质或构成不同，有形的线条、图形、轮廓、构型和断面是决定物体显著外貌的特征因素。形式的对比主要通过建筑立面上各要素形状的大小、方向、虚实等的不同来实现
材料的对比	主要是指通过要素的不同材质、肌理以及色彩的细部构件，使建筑立面的细部产生变化与对比。这些细部构件通过运用对比的手法丰富建筑造型的同时，也丰富了建筑装饰语汇
色彩的对比	主要是指在建筑环境中，通过引入相应的新颜色使其与建筑既有的颜色产生对比，这种方式对人们来说更加微妙和直观

5.4.2　空间设计

对既有建筑内部空间进行合理的重构设计，既可以充分利用其室内空间，同时更好地发挥闲置空间的作用，实现其再生利用。

1. 整体空间重构

既有建筑内部空间的整体空间重构是在原有空间的基础上对空间形态、内部组织结构、室内路径的二次塑造，属于改造保护型的开发模式，并且改造力度较大。整体空间重构时必须灵活划分重组空间。在一定空间范围内能够高效率地利用好室内空间，扩展了空间容量的同时又丰富了室内的活动类型，把动态区间与静态区间相对分开，把公共区间与隐秘区间相互隔离。

(1) 垂直分隔。通过加层、夹层等手段，将具有高跨度的室内空间沿垂直方向增设新的水平界面，以提高空间的利用率，并使界面分解得更有层次化，形成多样化的使用空间。还可以将具有多层次的室内空间沿垂直方向减少原有的水平界面，使原有室内空间的跨度变高，适应改造提出的新要求。例如，将多层标准建筑物某一层减掉，使两层并为一层，从而加大室内空间，以适应大型展厅的需要。如图 5-31 所示，在维也纳煤气储罐的改造中将原建筑改为竖向三层通高的商业中庭，营造出了良好的商业氛围。如图 5-32 所示，伦敦泰特美术馆再生设计时，将原屋顶改造为玻璃屋顶，增强了建筑物内部的自然采光量。

图 5-31　维也纳煤气储罐外景

图 5-32　伦敦泰特美术馆外立面

(2) 水平分隔。在满足使用者需求的同时，对室内空间的既有主体进行结构略微改动，使新增隔墙在既有结构的承载力范围之内，如沿室内水平方向增加轻质隔墙，将原有的开放型大空间分隔成多个私密型小空间。水平分隔主要有绝对分隔、局部分隔、灵活分隔三种方式。图 5-33 是德国卡尔斯鲁厄的艺术和传媒技术中心，由军工厂改造而成，以保持旧建筑原始风貌为原则，在原有空间内新增建了一个内部空间较大的多功能厅，并通过管道设施将其与既有建筑相连。

(3) 中庭整合。当建筑室内空间跨度较大或进深较广时，中部自然采光难度较大，通过加入中庭的方式，创造出比较灵活的使用空间，可以弥补旧建筑中央部分采光不足的缺陷。如图 5-34 所示的 798 艺术区的悦 · 美术馆，在高跨度的空间中采用中庭走廊的设计方式，增加了空间的灵活性和层次感。

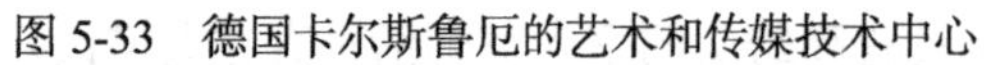

图 5-33　德国卡尔斯鲁厄的艺术和传媒技术中心

图 5-34　悦 · 美术馆

(4) 内部空间合并。当建筑原有空间不能满足新的使用功能时，有必要通过拆除部分楼板或隔墙等措施，将较小的空间合并成适应新功能的较大空间。

(5) 新旧空间衔接。新旧空间衔接是指当建筑的本体空间无法容纳或者适应所需要的新功能时，设计时把若干独立的个体衔接或者联合起来成为新的整体，通过延续与完善旧的空间，使新的空间功能能够适宜于新的需求。新旧空间的衔接方式见表 5-7。

表 5-7　新旧空间的衔接方式

改造方式	具体内容
利用垂直连接进行加扩建	① 顶部加建。在不改变原有承重结构的条件下，对活动空间的顶部增加适当的面积区域 ② 地下增建。当地上空间不能满足使用要求或者对既有建筑的风貌保护比较严格时，可以考虑发展地下空间，尤其是在一些大空间结构的建筑物中。这种衔接方式对既有建筑的布局、风貌影响最小
利用中庭或入口的水平连接	利用中庭或入口灵活多变的空间特点，可以融新旧于一体。当对旧建筑的室内空间进行部分加建时，在新旧空间结合的位置设立中庭或入口，可以作为室内空间的交通枢纽，同时解决了建筑功能和建筑形象之间的矛盾，使新旧建筑连接后具有统一的完整性

2. 局部空间布置

局部空间布置是为了保留原建筑的外墙面，并根据新的功能要求在原有室内空间的基础上重新构筑局部空间系统。局部空间再生设计主要有两种方法：局部增建和局部拆减，具体内容见表 5-8。

表 5-8　局部空间再生设计方法

再生设计方法	具体内容
局部增建	①插入新空间。新的功能必然会对原有室内空间提出新的要求，就需要在旧建筑之间加建新的功能空间，最常见的空间有楼梯、走廊、门厅和中庭等 ②局部加建。局部加建指根据室内空间新的功能要求，在原建筑的室内上方或中间增加一个新的功能空间。由于局部加建的部分涉及整个建筑受力的变化，需要对整个建筑的结构情况进行分析，并对受力变化进行精确验算。当局部加建不会影响原建筑安全性时，才能采取相应的加建措施进行加建
局部拆减	通过利用空间的加、减法和改变局部建筑结构来实现空间再生。室内空间局部拆减使得空间跨度更大，这为重新设计室内空间提供了更大的操作空间，并提高了室内空间的利用率

3. 内部细节设计

(1) 建筑材料。建筑材料是空间性能表达的重要元素之一。原有材料具有不可取代的历史文化，见证了城市的发展与变迁，而新材料本身具有简洁性和现代性的特点，因此有必要解决新旧材料共存的问题，见表 5-9。

表 5-9　建筑材料

建筑材料	材料内容	示例
砖、混凝土、木材	砖与混凝土给人以沧桑之感，质地比较粗糙，感觉比较厚重。木材给人以宁静之感，质地比较光滑，感觉比较轻盈	  
金属材料	金属材料体现了现代的技术美学和建筑美学的特点。它结合了不同的金属，以反映不同的时代感。金属材料具有施工便捷、易组装拆卸、承载力强的优点，广泛应用于建筑空间内部	 
玻璃	玻璃具有透明性和透光性较强的特点。通过光线的折射和反射可以控制光的强弱；改变玻璃的厚薄程度和隔离紫外线的指数可调节室内温度；增加玻璃的厚度可以降低噪声污染，磨砂玻璃和装饰玻璃可以提高建筑室内空间的艺术装饰等品质	 

(2) 光照处理。适当的光照处理既可以解决功能问题，又可以烘托气氛，营造室内空间的形象，从而营造出有趣的空间效果。自然采光和人工照明是室内空间光照处理常用的两种方法，见表 5-10。

表 5-10　光照处理

光照处理方法	具体内容
自然采光	顶部采光能反映建筑物的深度且便于控制，而垂直采光实施简便，但要处理好采光口的形式。改造后的窗户不仅要满足新功能的需求，还要塑造内部的空间氛围，同时为人们提供舒适的视觉环境，并起到节能环保的作用
人工照明	人工照明是针对自然采光的一种有效补充，一是普通的人工照明，二是可以烘托渲染建筑内部空间的特殊照明系统。相对于自然采光来说，人工照明易于控制，受天气影响较小，且照明方式、灯具的种类及光线的颜色便于选择

(3) 色彩应用。在建筑室内空间的改造设计中，颜色的选择应基于对建筑自身状况的综合考虑。在保持背景颜色一致性的基础上，合理地匹配新旧部分的色彩关系，也可以根据室内不同的风格，采取特殊的处理手法。

5.4.3　室内环境

1. 建筑采光的要求

建筑采光指的是建筑改造时为获得良好的光照环境，以节约能源为原则，在建筑外围护结构(墙、屋顶)上布置各种形式的采光口(窗口)等。应对改造之后的各类建筑进行采光系数的计算并使其符合国家对不同建筑的采光系数标准。有效采光面积的计算方式见表 5-11。

表 5-11　有效采光面积的计算方式

序号	具体内容
1	侧窗采光口离地面高度在 0.80m 以下的部分不应计入有效采光面积
2	侧窗采光口上部存在有效宽度超过 1m 的外廊、阳台等外挑遮挡物时，其有效采光面积可按采光口面积的 70%计算
3	采用平天窗采光时，其有效采光面积可按侧面采光面积的 2.50 倍计算

2. 建筑通风的要求

建筑通风的要求见表 5-12。

表 5-12　建筑通风的要求

序号	具体内容
1	建筑物室内应有与室外空气直接流通的窗口或洞口，否则应设自然通风道或机械通风换气设施
2	采用直接自然通风的空间，其通风有效开口面积应符合下列规定：用于生活、工作的房间，其通风开口有效面积不应小于该房间地板面积的 1/20；厨房的通风开口有效面积不应小于该房间地板面积的 1/10，并不得小于 $0.60m^2$，厨房的炉灶上方应安装排除油烟的设备，并设排烟道
3	严寒地区的居住用房、厨房、卫生间应设自然通风道或机械通风换气设施
4	无外窗的浴室和厕所应设机械通风换气设施，并设通风道
5	厨房、卫生间的门下方应设进风固定百叶，或留有进风缝隙
6	自然通风道应设于窗户或进风口相对的一面

3. 建筑保温的要求

建筑保温的要求见表 5-13。

表 5-13　建筑保温的要求

序号	具体内容
1	建筑物宜布置在向阳、无日照遮挡、避风地段
2	设置供热的建筑物应减少外表面积
3	严寒和寒冷地区的建筑物宜采用围护结构外保温技术，并不应设置开敞的楼梯间和外廊，其出入口应设门斗或采取其他防寒措施
4	建筑物的外门窗应减少缝隙长度，并采取密封措施，宜选用节能型外门窗
5	严寒和寒冷地区设置集中供暖的建筑物，其建筑热工和采暖设计应符合有关节能设计标准的规定
6	夏热冬冷地区、夏热冬暖地区建筑物的建筑节能设计应符合有关节能设计标准的规定

4. 建筑防热的要求

建筑防热的要求针对两类建筑物：夏季防热的建筑物和设置空气调节的建筑物，具体内容见表 5-14。

表 5-14　建筑防热的要求

项目	序号	具体内容
夏季防热的建筑物	1	建筑物的夏季防热应采取绿化环境、组织有效自然通风、外围护结构隔热和建筑遮阳等综合措施
	2	建筑群的总体布局以及建筑物的平面空间组织、剖面设计和门窗的设置，应有利于组织室内通风
	3	建筑物的东西向窗户、外墙和屋顶应采取有效的遮阳和隔热措施
	4	建筑物的外围护结构应进行夏季隔热设计，并应符合有关节能设计标准的规定
设置空气调节的建筑物	1	建筑物应减少外表面积
	2	设置空气调节的房间应相对集中布置
	3	设置空气调节房间的外部窗户应有良好的密闭性和隔热性，向阳的窗户宜设置遮阳设施，并宜采用节能窗
	4	设置非中央空气调节设施的建筑物，应统一设计、安装空调机的室外机，并使冷凝水有组织地排出
	5	间歇使用空气调节的建筑，其外围护结构内侧和内围护结构宜采用轻质材料，连续使用空调的建筑，其外围结构内侧和内围护结构宜采用重质材料
	6	建筑物的外围护结构应符合有关节能设计标准的规定

5. 建筑隔声的要求

建筑隔声的要求见表 5-15。

表 5-15　建筑隔声的要求

序号	具体内容
1	对于结构整体性较强的民用建筑，应对附着于墙体和楼板上的传声源部件采取防止结构声传播的措施
2	有噪声和振动的设备用房应采取隔声、隔振和吸声的措施，并应对设备和管道进行减振、消声处理；平面布置中，不宜将有噪声和振动的设备用房设在主要用房的直接上层或贴邻布置，当设在同一楼层时，应分区布置
3	在对安静度要求较高的房间内设置吊顶时，应将隔墙砌至梁、板底面；采用轻质隔墙时，其隔声性能应符合有关隔声标准的规定

5.5 生态环境设计

5.5.1 绿化设计

1. 空间绿化环境设计

绿化景观受土地使用性质的制约，可采用复层种植，多种植草坪和具有本地特色的植物。绿化设计要考虑建筑室内的采光和通风。建筑南侧宜布置大型落叶乔木，夏季遮阳，冬季有阳光；北侧宜布置常绿植物，以其枝干阻碍冬季寒风和沙尘。

建筑出入口为重点绿化美化地段，要根据再生利用后入住人员对园林绿化布局形式及观赏植物的喜好来布置，并考虑四季景观的展现；多用常绿树，且要求树种无飞絮、种毛、果实等，以免污染环境。建筑外围墙或栅栏用攀缘植物进行垂直绿化，扩大植物的叶面积指数，提高其吸附粉尘、净化空气的效果。为了提高防尘效果，在结构上采取乔、灌、花草相结合的立体结构。裸露的地面必须铺种草坪或地被植物，且具有较高的覆盖度，防止地表尘土二次飞扬。在污染特别严重的地方，可设置水池、喷泉或其他工艺小品来美化环境，选择枝叶茂密、分枝低、叶面积大的乔灌木，或者采用常绿、落叶、阔叶树木组成隔离混交林带，以减弱噪声对周围环境的影响，或者采用高篱、绿墙隔声减噪。

2. 道路系统绿化环境设计

道路系统绿化环境设计包括主干道的中央分车带的绿化、机动车道与非机动车道之间的分车带绿化、行车道与人行道间的绿化、道路侧方的绿化、道路交叉口的绿化等，具体内容见表 5-16。

表 5-16 道路系统绿化环境设计

项目	具体内容
主干道的中央分车带的绿化	在种植树木时要有一定的层次感，可以用乔木与灌木交替种植。在中央隔离中心种植大乔木，采用常绿的针叶与阔叶树木，在大乔木的两侧可种植宽 0.5～1.0m 的灌木带
机动车道与非机动车道之间的分车带绿化	两侧应进行对称布置，分车带宽度不小于 1.5m，主要布置较矮的常绿针叶或阔叶树木，也可采用模纹或花灌，并对两侧的分车带进行修剪，呈现出优美、舒适的道路环境
行车道与人行道间的绿化	为保证行车安全和降低噪声，栽植绿篱效果比较好
道路侧方的绿化	靠近建筑物里侧应相互配合布置绿篱、宿根花卉。道路较窄时，不宜选择树冠较大的树木，避免树冠把路面完全覆盖而影响汽车运输灰尘的扩散，使道路环境污染更严重
道路交叉口的绿化	为了保证汽车或机车行驶时有足够的安全距离，在道路交叉口、转弯处及铁路与道路的平交处，在视距的范围内不得栽种高于 1m 的树木，一般种植常绿灌木或者草皮。在道路的转弯处，可种植外形比较别致的树种或花坛等来展示空间的动向

5.5.2 水体设计

1. 水体修复内容

再生利用水体修复相较于一般意义上的水体治理不尽相同，它不仅是指治理水体，也是指结合实际水域的污染情况重塑环境和景观。对于污染程度较小、面积稍大的水体可采用自身净化的生态方法，对于污染程度较大、面积较小的水体可以采用直接填平、固化的掩盖式手法，或在经济条件允许的情况下重新换上干净的水体、设置亲水岸线等。

2. 水体修复方法

(1) 物理法。物理法修复方式的具体内容见表5-17。

表5-17　物理法修复方式

方法	具体内容
引水换水法	通过引水、换水的方式，降低杂质浓度
循环过滤法	根据水体的大小，设计配套的过滤沙缸和循环水泵，埋设循环用的管路，用于日常水质保养
曝气充氧法	水体曝气充氧是指通过对水体进行人工曝气，提高水中的溶解氧含量，防止水体黑臭现象的发生。曝气充氧方式有瀑布、跌水、喷水

(2) 物化法。物化法主要包括三种修复方式，具体内容见表5-18。

表5-18　物化法修复方式

方法	具体内容
混凝沉淀法	混凝沉淀法的处理对象是水中的悬浮物和胶体杂质，具有投资少、操作维修方便、效果好等特点，处理含大量悬浮物、藻类的水体时，可取得较好的净化效果，在一些富营养化的水塘和景观湖中，利用该方法可取得较好的经济效果
过滤法	过滤可降低水的浊度。当原水中的藻类和悬浮物较少时，可对其进行直接过滤，当水中含藻量极高时，应在滤池前增加沉淀池或澄清池。另外，水中的有机物、细菌乃至病毒等也随着浊度的降低而被去除
加药气浮法	按照微细气泡产生的方式，气浮净水工艺分为分散空气气浮法、电解凝聚气浮法、生物化学气浮法和溶气气浮法。目前应用较多的是部分回流式压力溶气气浮法。该工艺可有效去除水中的细小悬浮颗粒、藻类、固体杂质和磷酸盐等污染物，大幅度增加水中的溶解氧含量，有效改善水环境的质量。该工艺易操作和维护，可实现全自动控制

(3) 生化处理法。若景观水体的有机物含量较高，可利用生化处理工艺去除有机污染物。目前被广泛采用的工艺是生物接触氧化法。

(4) 生态恢复法。通过生态的手段修复水体是较有效和环保的方式之一，具体内容见表5-19。

表5-19　生态恢复法修复方式

方法	具体内容
污泥法除氮	通过氧化还原作用去除污水中的氮
活性污泥法除磷	利用微生物对磷的过量摄取，使磷进入活性污泥中，从而净化水体
雨水收集法	在污染水体周围设置雨水收集设施，使得雨水流入污水区，稀释污水的营养化程度，达到污水自清自净的目的
植物种植法	树木可以吸收水中的溶解质，使水体得以自净，许多水生植物和沼生植物对净化污水有明显作用
水生动植物法	通过种植藻类、高等水生植物，以及放养草鱼等杂食性动物，形成一定的水生生态系统，达到修复水体、净化水体的目的

3. 雨水利用

环境再生设计时，可将天然雨水通过集水系统收集起来，进行处理后用于日常生活或生产。雨水利用是指将降落到建筑屋顶、广场、道路等区域的雨水经管道系统收集起来，然后通过过滤、净化等方式进行再利用。收集的雨水可以用作绿化和日常生活用水，能够大大减少对于淡水资源的依赖，在节约、保护水资源方面起着重要作用。再生利用常用的雨水收集方式有屋面集水系统、屋顶花园集水系统、地面渗透集水系统、渗透铺装集水系统。

4. 中水利用

在设置中水系统时，应将其与给排水系统紧密地结合在一起，管线设计应以简单方便为主。设计时，中水系统必须独立设置，严禁将中水引入生活用水的给水系统，且一般不在中水管壁上设置水龙头。当需要设置时，应采用严格的防护措施。在利用中水时，可根据中水的污染情况适当调整其使用方式。

5.5.3 土壤修复

目前国内外常用的土壤修复技术主要分为三类：物理修复技术、化学修复技术和生物修复技术，具体内容见表 5-20。

表 5-20 土壤修复技术

<table>
<tr><th>分类</th><th>技术</th><th>适合的土壤类型</th><th>典型优缺点</th><th>备注</th></tr>
<tr><td rowspan="5">物理修复技术</td><td>换土法</td><td rowspan="4">细黏土、中粒黏土、淤质黏土、黏质肥土、淤质肥土、淤泥、砂质黏土、砂质肥土、砂土</td><td>易操作；成本较高</td><td>仅适用于简单处理突发事故导致的土壤污染</td></tr>
<tr><td>原位固定/稳定化技术</td><td>技术成熟；可修复重金属复合污染土壤；成本较高</td><td rowspan="2">在对污染土壤实行固定/稳定化处理后，还需对土壤进行浸出毒性检测，检验污染土壤是否变成一般危险废物；同时还需长期对处理后的土壤进行监测管理，防止二次污染</td></tr>
<tr><td>异位固定/稳定化技术</td><td>修复时间较短；处理成本较高</td></tr>
<tr><td>电热修复技术</td><td>污染物去除率高；治理成本较高</td><td>正确操作加热和蒸汽收集系统，防止因污染物扩散而产生二次污染</td></tr>
<tr><td>土壤蒸汽抽提技术</td><td>质地均一、渗透力强、孔隙度大、湿度小、地下水位较深的土壤</td><td>易操作；技术成熟；能够回收利用废物</td><td>容易发生气体泄露以及运输过程中挥发性物质释放等现象，因此必须做好防范措施</td></tr>
<tr><td rowspan="2">化学修复技术</td><td>原位土壤淋洗技术</td><td>易渗透的土壤</td><td>技术成熟；成本较高，含有污染物的淋洗液需要进一步处理</td><td rowspan="2">淋洗剂的选择至关重要，含有污染物的淋洗液需要集中收集再处理</td></tr>
<tr><td>异位土壤淋洗技术</td><td>黏粒含量低于 25%的土壤</td><td>修复周期较短；修复效果好；成本高</td></tr>
<tr><td>化学修复技术</td><td>溶剂浸提技术</td><td>黏粒含量低于 15%、湿度低于 20%的土壤</td><td>可以处理难以去除的污染物；修复速度快；可循环使用</td><td>仅适用于室外温度在冰点以上的情况，低温不利于浸提液的流动和取得良好的浸提效果</td></tr>
</table>

续表

分类	技术	适合的土壤类型	典型优缺点	备注
生物修复技术	植物修复技术	细黏土、中粒黏土、淤质黏土、黏质肥土、淤质肥土、淤泥、砂质黏土、砂质肥土、砂土	处理后的土壤适用于种植农作物；易操作；可用于修复大面积污染土壤；修复周期很长	采用此项技术以前，需要进行可行性分析；修复植物积累的干物质必须妥善处理，防止二次污染
	生物堆肥技术	淤质黏土、黏质肥土、淤质肥土、砂质黏土、砂质肥土、砂土	成本低；堆肥产品可产生经济效益	应先进行实验室试验和现场中试，观察污染物对微生物活动的影响及其降解过程

思　考　题

5-1. 土木工程再生利用项目设计的基本内涵是什么？

5-2. 土木工程再生利用项目设计的主要内容有哪些？

5-3. 土木工程再生利用的模式有哪些？

5-4. 功能置换的原则有哪些？

5-5. 功能置换的空间组织形式有哪些？

5-6. 道路交通结构改善的方式有哪些？

5-7. 简述单体建筑设计的主要内容。

5-8. 简述建筑外立面细部设计的主要内容。

5-9. 简述常见的水体修复方法。

5-10. 简述常见的土壤修复技术。

参考答案

第6章　土木工程再生利用项目施工

6.1　项目施工基础

1. 基本内涵

项目施工是指以工程项目为对象，综合运用有关学科的基本理论、知识和施工规律，完成从设计图纸上的各种线条到在指定的地点将其变成实物的过程，是土木工程建设实施阶段的生产活动。

土木工程再生利用项目施工是指充分利用既有土木工程的结构、材料等资源，采用各种施工工艺、技术和方法，进行一系列施工活动，最终完成再生利用施工任务。

2. 主要内容

土木工程再生利用项目施工的主要内容包括拆除工程施工、地基基础施工、建筑结构施工、配套工程施工。

1) 拆除工程施工

拆除工程施工是指将既有土木工程全部或部分进行拆除的活动。目前进行拆除的方法有很多，主要包括人工拆除法、机械拆除法、爆破拆除法和静力破碎法等。

2) 地基基础施工

地基基础施工是指为了保证再生利用安全而对既有土木工程的地基基础进行加固处理的施工活动，主要包括地基处理和基础加固等。

3) 建筑结构施工

建筑结构施工是指对既有建(构)筑物中存在损伤和缺陷的结构构件进行补强处理、为了改变使用功能对既有建(构)筑物进行改造的活动，主要包括建筑结构的加固、改建和纠倾等。

4) 配套工程施工

配套工程施工是指对再生利用中与主体工程相关的配套工程进行施工，弥补项目使用功能上的不足，使再生之后的项目功能完善的活动，主要包括管道修复、设施更新和装饰装修等。

3. 工作流程

土木工程再生利用项目施工的工作流程如图 6-1 所示。

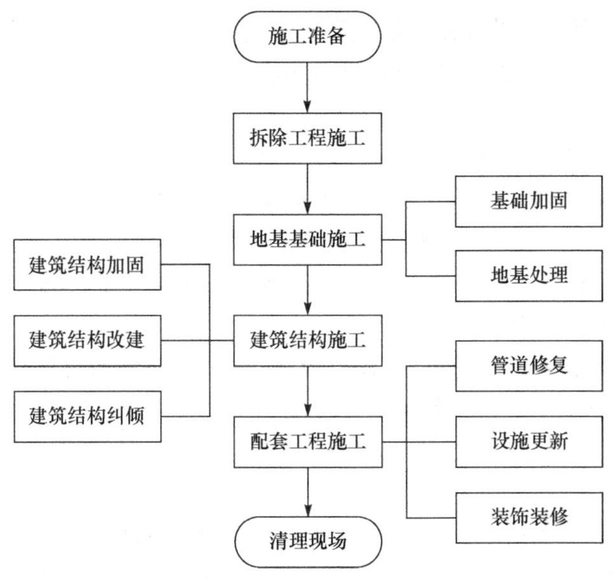

图 6-1　项目施工工作流程

6.2　拆除工程施工

6.2.1　拆除准备

在结构拆除施工中，拆除作业前的准备工作分外重要，包括现场准备，技术准备，劳动力准备，机械、设备、材料准备。

1) 现场准备

(1) 清理施工现场，保证运输道路畅通。

(2) 施工前，先清除倒塌范围内的物资、设备；将电线、燃气道、水道、供热设备等干线与该建筑物的支线切断或迁移；接引好施工用的临时电源、水源，现场照明不能使用被拆建筑物内的配电设施，应另外敷设，保证施工时水电畅通。

(3) 在施工现场的主要入口处应设置施工标志牌，写明建设单位、拆除承包单位的名称，项目经理、项目技术负责人、安全员的姓名，以及拆除工程施工许可证登记编号、监督电话等，接受社会监督。

(4) 发布安民告示，清除场内杂物，划定安全警戒范围。

(5) 搭设临时安全封闭围栏，当拆除现场位于主次干道两侧及城区的繁华区域和居民区时，防护架的搭设应采取全封闭的形式，并应做到节点可靠、固定点合理，能满足抗倾覆的要求。

(6) 搭设临时防护设施，避免拆除时的石、灰尘飞扬而影响生产生活的正常进行。

(7) 若用机械拆除法施工，应现场修筑好施工便道。

(8) 若用机械、爆破方法拆除施工，由于建(构)筑物在坍塌瞬间对地面的冲击振动较大，应对周围的民房，特别是危旧房进行认真检查、记录，必要时进行临时加固，并撤出人员，以避免造成不必要的损失和麻烦。

(9) 对于生产、使用、储存化学危险品的建筑物的拆除，要经过消防、安全部门参与审核，制定保证安全的预案，并经过批准后实施。

2) 技术准备

(1) 了解拟拆除建(构)筑物的竣工图纸，熟悉其结构构造情况；组织学习有关技术规范和安全技术文件，提高拆除施工操作人员的安全认识和自觉性。

(2) 调查周围环境、场地、道路、水电设备、管线等情况。

(3) 编制拆除工程施工组织设计(或施工方案)，明确拆除工程的拆除方法、拆除顺序、技术要点、安全措施等内容。

(4) 编制书面技术交底单，并认真做好技术交底工作，使所有拆除施工操作人员了解作业要求和安全操作要求，并在相关文件上签字。

(5) 落实现场指挥人员以及专职、兼职安全监督人员，明确安全生产责任制。

3) 劳动力准备

(1) 对施工操作人员进行上岗培训，合格后领取上岗资格证书。

(2) 根据施工组织设计(或施工方案)中确定的拆除施工进度要求，落实好拆除施工操作人员的劳动组合、工作班次等各项事宜。

(3) 对高空作业人员进行必要的体检，并办理好意外伤害保险事项。

(4) 落实班组兼职安全人员，并赋予相应的管理权限。

(5) 建立施工项目领导机构，根据工程规模、结构特点和复杂程度，确定施工项目领导机构的人选和名额；遵循合理分工与密切协作、因事设职与因职选人的原则，建立有施工经验、有开拓精神和工作效率高的施工项目领导机构。

(6) 建立精干的工作队组，根据采用的施工组织方式，确定合理的劳动组织，建立相应的专业或混合工作队组。

(7) 做好职工的入场教育工作。为了落实施工计划和技术责任制，应按管理系统逐级进行交底。

4) 机械、设备、材料准备

(1) 落实拆除施工中需要的机械、设备及材料的来源。

(2) 应进行必要的检查维修，使机械、设备保持良好状态。

(3) 准备好常用的零部件和配件及燃料等，以便随时备用。

(4) 对于搭设的脚手架、防护架等，应会同现场监理和安全人员进行检查验收。

(5) 准备好爆破拆除所需的机器工具、起重运输机械和全部爆破器材以及爆破材料危险品临时库房。

6.2.2　拆除方法

常见的拆除方法有人工拆除法、机械拆除法、爆破拆除法、静力破碎法，它们在土木工程再生利用项目施工过程中得到了广泛应用。

1. 人工拆除法

人工拆除法是依靠人力和风镐、切割器具等工具，对建(构)筑物进行解体和破碎的一种施工方法，如图 6-2 所示。

图 6-2　人工拆除

1) 施工特点

①施工人员必须亲临拆除点进行高处作业，危险性大。②劳动强度大，拆除速度慢，工期长。③气候影响大。④易于保留部分建筑物。

2) 适用范围

适用于木结构、砖木结构、檐口高度 10m 以下的砖混结构等民用建筑的拆除，以及因环境条件不允许采用爆破、机械拆除方法而必须采用人工拆除方法的情况。

3) 施工工艺

(1) 施工工序。

按建造施工工序的逆顺序自上而下，逐层、逐个构件、杆件进行拆除；屋檐、外楼梯、挑阳台、雨篷、广告牌和铸铁落水管道等在拆除施工中容易失稳的外挑构件必须先行拆除；栏杆、楼梯、楼板等构件拆除必须与结构整体拆除同步进行，严禁先行拆除；对于承重的墙、梁、柱，必须在其所承载的全部构件拆除后再进行拆除；严禁垂直交叉作业。

(2) 施工要求。

作业通道的设置要求：①平面通道的宽度应满足运输工具和施工人员通行的需要。②上、下通道宜利用原建筑通道，无法利用原建筑通道的，应搭设临时施工通道。

脚手架的设置要求：对于拆除物的檐口高度大于 2m 或屋面坡度大于 30°的拆除工程，应搭设施工脚手架，落地脚手架首排底笆应选用不漏尘的板材铺设；脚手架经验收合格后方可使用；拆除施工中，应采取相应的安全措施，防止脚手架倒塌；脚手架应随建(构)筑物同步拆除。

2. 机械拆除法

机械拆除法是使用液压挖掘机及液压破碎锤、液压剪和起重机等大、中型机械，对建(构)筑物进行解体和破碎的一种施工方法，如图 6-3 所示。

1) 施工特点

①施工人员无须直接接触拆除点，无须高处作业，危险性小。②劳动强度低，拆除速度快，工期长。③作业时扬尘大，必须采取湿作业法。④对需要部分保留的建筑物必须先进行人工分离后方可拆除。

图 6-3　机械拆除

2) 适用范围

适用于砖木结构、砖混结构、框架结构、框剪结构、排架结构、钢结构等各类建(构)筑物和各类基础、地下工程。

3) 施工工艺

(1) 施工工艺流程。

机械拆除法的施工工艺流程为解体→破碎→翻渣→归堆待运。根据被拆建(构)筑物高度不同，机械拆除法又分为镐头机拆除和重锤机拆除两种方法。

(2) 施工技术。

镐头机拆除的施工技术：镐头机可拆除高度不超过 15m 的建(构)筑物。具体操作要点如下。

①拆除顺序：自上而下、逐层、逐跨拆除。②工作面选择：对框架结构房，选择与承重梁平行的面作为施工面；对混合结构房，选择与承重墙平行的面作为施工面。③停机位置选择：设备机身距建筑物的垂直距离为 3～5m，机身行走方向与承重梁(墙)平行，大臂与承重梁(墙)成 45°～60°。④打击点选择：打击顶层立柱的中下部，让顶板、承重梁自然下塌，打断一根立柱后向后退，再打下一根立柱，直至最后一根。对于承重墙，要打击顶层的上部，防止碎块下落砸坏设备。⑤清理工作面：用挖掘机将解体碎块运至后方空地进行进一步破碎，空出镐头机作业通道，进行下一步作业。

重锤机拆除的施工技术：重锤机通常用 50t 吊机改装而成，锤重 3t，拔杆高 30～52m，有效作业高度可达 30m；锤体侧向设置可快速释放的拉绳，因此，重锤机既可以纵向打击楼板，又可以横向撞击立柱、墙体，是一种比较好的拆除设备。具体操作要点如下。

①拆除顺序：从上向下层层拆除，拆除一跨后清除悬挂物，移动机身再拆除下一跨。②工作面选择：同镐头机。③打击点选择：侧向打击顶层承重立柱(墙)，使顶板、梁自然下塌。拆除一层以后，放低重锤，以同样方法拆下一层。④拔杆长度选择：拔杆长度为最高打击点高度加 15～18m，但最短不得短于 30m。⑤停机位置选择：对于 50t 吊机，锤重为 3t，停机位置距打击点所在的拆除面的距离最大为 26m，机身垂直拆除面。⑥清理悬挂物：用重锤侧向撞击悬挂物使其破碎，或将重锤改成吊篮，人站在吊篮内气割悬挂物，让其自由落下。⑦清理工作面：拆除一跨以后，用挖土机清理工作面，移动机身拆除下一跨。

3. 爆破拆除法

爆破拆除法是利用炸药的爆炸能量对建(构)筑物进行解体和破碎的一种施工方法，如图 6-4 所示。

图 6-4　爆破拆除

1) 施工特点

①施工人员无须进行有损建筑物整体结构和稳定性的操作，人身安全最有保障。②一次性解体，其扬尘、扰民较少。③拆除效率最高，特别是高耸坚固建筑物和构筑物的拆除。④对周边环境要求较高，对邻近交通要道、保护性建筑、公共场所、过路管线必须作特殊保护后方可实施爆破。

2) 适用范围

适用于砖混结构、框架结构、排架结构、钢结构等各类建(构)筑物、基础、地下及水下构筑物，以及高耸建(构)筑物。

3) 施工工艺

(1) 施工工艺流程。

爆破拆除法的施工工艺流程为组织爆破前施工→组织装药接线→安全防护→警戒起爆→检查爆破效果→破碎清运。

(2) 操作要点。

①组织爆破前施工：按设计的布孔参数钻孔，按倒塌方式拆除非承重结构，由技术员和施工负责人二级验收。②组织装药接线：由爆破负责人根据设计的单孔药量组织制作药包，并将药包编号；对号装药、堵塞；根据设计的起爆网络接线联网；由项目经理、设计负责人、爆破负责人联合检查验收。③安全防护：由施工负责人指挥工人根据设计进行防护，由设计负责人检查验收。④警戒起爆：由安全员根据设计的警戒点、内容组织警戒人员；项目经理指挥、安全员协助清场，警戒人员到位；前 5min 发预备警报，开始警戒，起爆员接雷管，各警戒点汇报警戒情况；前 1min 发起爆警报，起爆器充电；零时发令起爆。⑤检查爆破效果：爆破负责人率领爆破员对爆破部分进行检查。若发现哑炮，应立即按《爆破安全规程》(GB 6722—2014)规定的方法和程序排除哑炮，待排险后，解除警报。⑥破碎清运：用镐头机对解体不充分的梁、柱进行进一步破碎，回收旧材料，

清运垃圾。

4. 静力破碎法

静力破碎法是利用静力破碎剂的固化膨胀力破碎混凝土、岩石等的一种拆除方法，如图 6-5 所示。

图 6-5 静力破碎拆除

1) 施工特点

①工艺简单，施工速度快，具有良好的拆除效果，适用于对改扩建工程、抗震加固工程等的钢筋混凝土构件进行拆除。②破碎过程中无振动、无飞石、无粉尘、无噪声、无有害气体的产生，对保护环境极为有利。可在无公害条件下安全作业，在混凝土和岩石等发生破裂时，破碎剂的膨胀压仍然能够继续发挥作用，并随时间的延长，裂缝宽度不断增加。③静态无声破碎剂不属于易燃、易爆物品，因此，其运输、保管方便，使用安全、可靠。破碎剂的膨胀压力为 30～55MPa。破碎剂能够使混凝土和岩石破碎，基于的是它的膨胀对孔壁产生的膨胀压力。④在不适于炸药爆破的环境条件下，其优越性明显。

2) 适用范围

① 适用于混凝土构筑物的破碎、拆除，如在建筑、城区、市政、水利、大型设施等的拆除和改造扩建中，适用于大体积混凝土桩、柱、墩、台、座、基础的破碎与拆除。②适用于岩石、矿石等的开采、石料切割。③适用于其他不便于炸药爆破的环境条件下的混凝土拆除、岩石及矿石开采工程。

3) 施工工艺

(1) 施工工艺流程。

静力破碎法施工工艺流程为破碎剂选择及布孔设计→定位放线→切割→钻孔→搅拌→灌孔、堵孔→养护。

(2) 操作要点。

①破碎剂选择及布孔设计：由于 HSCA 无声破碎剂产生的膨胀压受到温度的影响，因此，应根据施工时的气候或作业环境温度选择合适类型的 HSCA 无声破碎剂。布孔方式根据结构物的自由度情况而定，尽可能多地创造自由面。对不同自由面采取不同的布孔方式，可采取垂直、水平、斜向等布孔方式。②定位放线：施工前，根据设计位置、

标高，用激光投线仪在原结构上放线，用墨线弹出拆除部位的尺寸位置。③切割：根据切割要求和方式，打膨胀螺栓，固定切割机具，采用液压墙锯进行静力切割施工。对于狭小空间内的部分，可采用水钻打孔或人工凿除。④钻孔：应严格按作业设计规定的钻孔位置、方向、角度、深度施钻。钻孔全部钻完后，须用吹风管将钻孔吹净，并用木楔或废棉纱、废纸等堵于孔口，等待装药。⑤搅拌：当采用无声破碎剂时，一般水灰比为 0.30～0.35，即每袋(重 5kg)破碎剂，加水 1.5～1.75kg。拌制时，先将定量破碎剂倒入塑料容器内，然后缓缓加入定量水，用机械或手工拌成具有流动性的均匀浆体备用。要求拌匀，拌合时间不超过 3min。⑥灌孔：应将搅拌好的药浆用瓢和漏斗迅速装入孔内，并用木棍捣实。如果药量过多，应分组同时装药，在 10min 以内将拌好的药浆及时装入孔内。对水平孔装药时，将药浆装入与钻孔直径相适应的塑料袋内，然后用木棍将其逐个送入炮孔。装药长度为孔深的 90%。⑦堵孔：将药浆灌满垂直孔时，可不必堵塞。斜孔和水平孔可用快干水泥砂浆或水灰比为 0.25 的干硬性无声破碎剂药浆堵塞，但均应用木棍捣实。⑧养护：装药堵塞 1h 后，往拆除体上浇水。常温季节浇冷水；冬季宜采取保温措施并浇温水，以加速水化反应，增大裂缝。混凝土破碎后，拆除钢筋混凝土，清理外运建筑垃圾。

6.3　地基基础施工

6.3.1　地基处理

地基是指建筑物下面支承基础的土体或岩体，作为建筑地基的土层有岩石、碎石土、砂土、粉土、黏性土和人工填土。

地基处理是指为了改善支承建筑物的地基的承载力或改善其变形性质或渗透性质而采取的工程技术措施。当因勘察、设计、施工或使用不当而引起地基承载力不足、上部结构倾斜、地基土被污染等缺陷时，或因建筑结构等改建行为而使地基承载力和变形不能满足要求时，均需进行地基处理。对于土木工程再生利用来说，常见的地基处理手段包括地基加固、地基污染土处理。

1. 地基加固

常用的地基加固方法有换填法、强夯法、预压法、振冲法、砂石桩法、石灰桩法、柱锤冲扩桩法、土挤密桩法、水泥土搅拌法、高压喷射注浆法、单液硅化法、碱液法。

1) 换填法

换填法是指将基础下一定深度内的土层挖去，然后用强度较高的砂、碎石或灰土等进行回填，并夯至密实的一种方法。换填法具有承载力高、刚度大、变形小等优点。换填法适用于浅层地基处理，包括淤泥、淤泥质土、松散素填土、杂填土等的处理，换填法还适用于一些地域性特殊土的处理。

2) 强夯法

强夯法是指用几吨至几十吨的重锤从高处落下，反复多次夯击地面，对地基进行强力夯实的方法。强夯法具有应用范围广泛、加固效果显著、有效加固深度可达 6～8m、施工机具简单、节省材料、工程造价低、施工快捷的优点。强夯法主要用于处理砂性土、碎石土、湿陷性黄土、非饱和黏性土与杂填土和素填土地基；对非饱和黏性土地基，一般采用连续夯击或分遍间歇夯击的方法；并根据工程需要，通过现场试验确定夯实次数和有效夯实深度。

3) 预压法

预压法是指为提高软弱地基的承载力和减少建筑物建成后的沉降量，预先在拟建建筑物的地基上施加一定静荷载，使地基土压密后再将荷载卸除的压实方法。预压法施工简单，不需要特殊的施工机械和材料，但工期一般较长。预压法适用于处理淤泥质黏土、淤泥与人工冲填土等软弱地基。

4) 振冲法

振冲法是指利用振冲器产生水平方向的振动力，振挤填料及周围土体，以提高地基承载力、减少沉降量、增加地基稳定性、提高抗地震液化能力的地基处理方法。振冲法具有技术可靠、设备简单、操作技术易于掌握、施工简便快速、工期短、无需水泥和钢材、加固后地基承载力显著提高等优点。振冲法适用于各类可液化土地基的加密和抗液化处理，以及碎石土、砂土、粉土、黏性土、人工填土、湿陷性土等地基的加固处理。

5) 砂石桩法

砂石桩法是指采用振动、冲击或水冲等方式在软弱地基中成孔后，再将砂或碎石挤压入已成的孔中，形成由大直径的砂石所构成的密实桩体的一种方法。砂石桩法的优点是砂石的压入量可随意调节，施工灵活，特别适合小规模工程。砂石桩法适用于挤密松散砂土、粉土、黏性土、素填土、杂填土等地基，饱和黏性土地基上对变形控制要求不严的工程和处理可液化的地基时也可采用砂石桩法。

6) 石灰桩法

石灰桩法是指采用机械或人工在地基中成孔，然后灌入生石灰或按一定比例加入粉煤灰、炉渣、火山灰等掺合料及少量外加剂进行振密或夯实而形成密实桩体的地基加固方法。石灰桩法主要通过生石灰的吸水膨胀挤密桩周土，继而经过离子交换和胶凝反应使桩间土强度提高；同时桩身生石灰与活性掺合料经过水化、胶凝反应，使桩身具有 0.3～1.0MPa 的抗压强度。石灰桩法适用于处理杂填土、素填土、一般黏性土、淤泥质土，以及透水性小的粉土地基，常应用于道路、码头、铁路、软弱地基的加固工程、托换工程和基坑支护工程。

7) 柱锤冲扩桩法

柱锤冲扩桩法是指反复将柱状重锤提到高处，使其自由落下冲击成孔，然后分层夯实填料形成扩大桩体，与桩间土组成复合地基的一种地基处理方法。柱锤冲扩桩法具有施工简便易行、振动及噪声小的优点。柱锤冲扩桩法适用于处理杂填土、粉土、黏性土、素填土和黄土等地基，对于地下水位以下的饱和松软土层，应通过现场试验确定其适用性。

8) 土挤密桩法

土挤密桩法是指通过成孔过程中的横向挤压作用，桩孔内的土被挤向周围，桩间土得以挤密，然后将备好的灰土或素土分层填入桩孔内，并分层捣实至设计标高来加固地基的一种方法。土挤密桩法具有原位处理、深层挤密、就地取材、施工工艺多样、施工速度快和造价低廉的优点。土挤密桩法适用于处理地下水位以上的粉土、黏性土、素填土、杂填土和湿陷性黄土等地基。

9) 水泥土搅拌法

水泥土搅拌法是指利用水泥作为固化剂，通过特制的搅拌机械，在地基深处将软土和固化剂强制搅拌，利用固化剂和软土之间所产生的一系列物理化学反应，使软土硬结成具有整体性、水稳定性和一定强度的优质地基的一种方法。水泥土搅拌法最大限度地利用了原土，对原有建筑物影响很小，设计灵活，加固形式灵活，无振动、无污染、无噪声，不会产生附加沉降，成本低。水泥土搅拌法适用于处理正常固结的淤泥与淤泥质土、粉土、饱和黄土、素填土、黏性土以及无流动地下水的饱和松散砂土等地基。

10) 高压喷射注浆法

高压喷射注浆法是指利用钻机钻孔，把带有喷嘴的注浆管插至土层的预定位置后，用高压设备将浆液变成 20MPa 以上的高压射流，从喷嘴中喷射出来冲击破坏土体，使得土粒与浆液搅拌混合，形成复合地基的一种方法。高压喷射注浆法具有施工简便，固结体形状可以控制，喷射方式多样，有较好的耐久性，料源广阔、价格低廉，浆液集中、流失较少，设备简单、管理方便，无公害的优点。高压喷射注浆法适用于处理淤泥、淤泥质土、黏性土、粉土、砂土、人工填土和碎石土地基，工程新建前和修建中都可以使用该方法。

11) 单液硅化法

单液硅化法是指将水玻璃和氯化钙先后用下部具有细孔的钢管压入土中，两种溶液在土中相遇后发生化学反应，在土层孔隙中形成硅酸凝胶，硅酸凝胶通过胶结土体而形成砂岩状加固体的一种地基加固处理方法。单液硅化法具有施工工期短、施工工序简单、节约投资等优点。单液硅化法适用于处理沉降不均匀的既有建(构)筑物和设备基础；地基受水浸湿引起湿陷，需要立即阻止湿陷继续发展的建(构)筑物和设备基础；拟建的构筑物和设备基础。

12) 碱液法

碱液法是指将加热后的碱液以无压自流方式注入土中，使土粒表面溶合胶结形成难溶于水的，具有高强度的钙、铝硅酸盐络合物，从而实现消除黄土湿陷性、提高地基承载力的一种地基处理方法。碱液法具有施工方便的优点。碱液法适用于处理地下水位以上渗透系数为 0.10～2.00m/d 的湿陷性黄土等地基。

2. 地基污染土处理

常用的地基污染土处理方法有换填法、固化法、化学处理法、电动法、电磁法、电化学法。

1) 换填法

换填法是指把已污染的土全部清除掉，然后换填正常土或采用性能稳定且耐酸碱的砂、砾作回填材料或作砂桩、砾石桩，再压(夯、振)实至要求的密实度，以提高地基承载力、减少地基沉降量和加速软弱土层的排水固结等的一种方法。换填法对于浅层地基处理具有简便、快速、经济、有效的优点。换填法适用于浅层软弱地基及不均匀地基的处理。

2) 固化法

固化法是指通过将水泥、石灰等能与污染物质发生化学反应的固化剂或稳定剂倒入污染土内，使之固化转化为稳定形式，把固体污染体运走和储存的一种污染土处理方法。固化法具有固化快，无须加荷载预压，完工后即可投入使用，加固后地基强度大的优点。固化法适用于表层软基的加固，或深层软土的固化。

3) 化学处理法

化学处理法是指采用灌浆法或其他方法向土中压入或混入某种化学材料，使其与污染土或污染物发生反应而生成一种无害的、能提高土的强度的新物质的方法。化学处理法具有作用快、能破坏污染物质的优点，但缺点是化学物质可能侵入土体内，产生新的有害物质，因此多余的化学用剂必须清除。

4) 电动法

电动法是指将电极插入受污染的土壤溶液中，在电极上施加直流电后，两电极之间形成直流电场，在电场条件下，土壤孔隙中的水溶液产生电渗流，同时带电离子产生电迁移，多种迁移运动的叠加使得污染物离开处理区，到达电极区的污染物一般通过电沉积或者离子交换萃取被去除的一种方法。电动法基于胶体的双电层厚度，适用于孔隙较大和界面双电层扩散弱的情况以及原状或重塑粉质黏土的处理，不适用于垫层的混合均匀黏土或有机质土的处理。

5) 电磁法

电磁法是指利用电流作用，通过电磁力增加能场的影响面积，从而使水土体系中离子交换增加，对污染物的特性进行识别的一种污染土处理方法。现今已研制出测定水土体系电磁力的简单试验设备和方法，这是一种正在研究且较有发展前景的处理方法。

6) 电化学法

电化学法处理废液一般无需很多化学药品，后处理简单，管理方便，污泥量很少，称为清洁处理法。电化学法可用于处理含氰、酚的水溶液，以及印染、制革等工厂产生的多种不同类型的污染土的水溶液。例如，对于含有重金属的污染土，首先还原熔炼污染土，它能起到以废治废、化害为益、综合利用的作用，也可以将污染土溶于水中，用工业废水的处理技术来处理污染物。对于少量的污染土，也可以用电化学法来进行净化。

6.3.2 基础加固

基础是建筑物和地基之间的连接体，把建筑物竖向体系传来的荷载传给地基。一般情况下，发生下列情况时，需对基础进行加固：因勘探、设计、施工或使用不当等原因造成地基基础破坏时；因改变建筑的使用要求时，如增层、增加荷载、改扩建等；因周围环境影响时，如邻近新建建筑施工、深基坑开挖、新建地下工程、遭受自然灾害等。

基础加固施工方法按其原理划分为加固、托换、加深三种方法。

1. 加固

基础加固方法有基础补强灌浆加固法和扩大基础底面积法。

1) 基础补强灌浆加固法

基础补强灌浆加固法是在墩台基础之下，在墩台中心直向或斜向钻孔或打入管桩，通过孔眼及管孔，用一定压力把各种浆液(加固剂)灌入土层中，通过浆液凝固，把原来松散的土固结为有一定强度和防渗性能的整体，或把岩石裂缝堵塞起来，从而达到加固地基、提高地基承载力的一种加固方法。基础补强灌浆加固法适用于因机械损伤、地基不均匀沉降、冻胀或其他非荷载原因引起开裂或损坏的基础。

2) 扩大基础底面积法

扩大基础底面积法指通过独立基础改条形基础、条形基础改十字正交条形基础、条形基础改筏形基础来实现基础底面积增加的一种方法。扩大基础底面积法可以有效防止地基的不均匀沉降。扩大基础底面积法适用于既有建筑的地基承载力或基础底面尺寸不满足规范要求的基础。

2. 托换

基础托换方法有锚杆静压桩法、坑式静压桩法和树根桩法等。

1) 锚杆静压桩法

锚杆静压桩法是将锚杆和静压桩两项技术巧妙结合而形成的一种桩基施工新方法，利用锚固于原有基础中的锚杆提供的反力实施压桩，压入桩一般为小截面桩。锚杆静压桩法具有机具简单，易于操作，施工不影响工期，可在狭小的空间内作业，传荷过程和受力性能明确，施工简便，质量可靠，无振动、无噪声、无污染，对周围环境无影响的优点；缺点是承台留孔，锚杆预埋复杂。锚杆静压桩法适用于淤泥、淤泥质土、黏性土等较软弱地基上的基础托换加固。

2) 坑式静压桩法

坑式静压桩法是在已开挖的基础下托换坑内，利用建筑物上部结构的自重作为支承反力，用千斤顶将预制好的钢管桩或钢筋混凝土桩段接长后逐段压入土中的托换方法，坑式静压桩法也是将千斤顶的顶升原理和静压桩技术融为一体的托换技术新方法。坑式静压桩法具有完全避免了锤击打桩所产生的振动、噪声和污染，施工时对桩不产生破坏的优点。坑式静压桩法适用于淤泥、淤泥质土、黏性土等较软弱地基上的基础托换加固和修复、历史性建筑的整修、地下建筑的穿越等加固工程。

3) 树根桩法

树根桩法是在钢套管的导向下用旋转法钻进，在托换工程中使用时，往往要钻穿原有建筑物的基础进入地基土中，直至设计标高，清孔后下放钢筋，同时放入注浆管，再用压力注入水泥浆或水泥砂浆，边灌、边振、边拔管而成桩，也可放入钢筋笼后再放碎石，然后注入水泥浆或水泥砂浆而成桩的一种方法。树根桩法具有噪声小、施工场地小、施工方便等优点。树根桩法适用于碎石土、砂土、粉土、黏性土、湿陷性黄土和岩石等各类地基土的加固。

3. 加深

基础加深方法是指当原地基承载力和变形不能满足上部结构荷载要求时，将基础落深在较好的新持力层上的一种方法。基础加深方法具有费用低、施工简便、不干扰建筑物的使用等优点；缺点是施工工期长，会产生一定新的附加沉降。基础加深方法适用于地基浅层有较好的土层可作为持力层且地下水位较低的情况。

6.4 建筑结构施工

6.4.1 建筑结构加固

建筑结构加固是为了对存在损伤和缺陷的结构构件进行补强处理，对可靠性不足或业主要求提高可靠度的承重结构、构件及其相关部分采取增强、局部更换或调整其内力等措施，使其具有现行设计规范及业主所要求的安全性、耐久性和适用性，保证其后续使用或改建过程中的安全。

建筑结构加固的类型有很多，包括混凝土结构加固、砌体结构加固和钢结构加固等。不同材料的结构具有不同的加固需求，其加固方法也不尽相同。

1) 混凝土结构加固

常用的混凝土结构加固方法的主要特点、适用范围、施工要点见表 6-1。

表 6-1 常用的混凝土结构加固方法

加固方法	主要特点	适用范围	施工要点
增大截面加固法	施工工艺简单；适应性强；现场湿作业时间长；影响空间	梁、板、柱、墙等一般构件	加固前的卸荷处理；连接处的表面处理；新增层施工
置换混凝土加固法	施工工艺简单；适应性强；现场湿作业时间长；不影响空间	受压区混凝土强度偏低或有严重缺陷的梁、柱等构件	加固前的卸荷处理；凿去薄弱混凝土层及表面处理；浇注新层
外包钢法(干式与湿式)	施工工艺简单；受力可靠；现场作业时间短；对空间影响较小；用钢量较大	受空间限制的构件且需大幅提高承载力的混凝土构件；无防护的情况下，环境温度不宜高于 60℃	加固前的卸荷处理；安装型钢构件；填缝处理
预应力法	施工工艺简便；能有效降低构件的应力；提高结构的整体承载力、刚度及抗裂性；对空间的影响较小	大跨度或重型结构的加固；处于高应力、高应变状态下的混凝土构件的加固；无防护的情况下，环境温度不宜高于 60℃；不宜用于混凝土收缩徐变大的结构的加固	在需加固的受拉区段外面加附预应力筋；张拉预应力筋，并将其锚固在梁(板)的两端
增设支点加固法	通过增设支撑体系或剪力墙来增加结构的刚度，改变结构的刚度比值，调整原结构的内力，改善结构构件的受力状况	多用于增强单层厂房或多层框架的空间刚度，提高其抗震能力	通过力学分析，增设相应构件，改变结构的刚度，调整内力，从而起到加固的作用
粘钢(碳纤维)加固法	施工工艺简便，快速；现场无湿作业或仅有抹灰等少量湿作业；对空间无影响	承受静力作用且处于正常湿度环境中的受弯或受拉构件的加固	被粘混凝土和钢板表面的处理；卸载、涂胶黏剂、粘贴及固化
改变结构传力途径法	施工工艺简便；能有效降低构件的应力；能减少构件变形	净空不受限的梁、板、桁架等构件	确定有效传力途径；增设支承或托架

2) 砌体结构加固

常用的砌体结构加固方法的主要特点、适用范围、施工要点见表 6-2。

表 6-2　常用的砌体结构加固方法

加固方法	主要特点	适用范围	施工要点
扶壁柱加固法	工艺简单；适应性强；提高的承载力有限；影响使用空间；现场湿作业时间较长	非抗震地区的柱、带壁墙	加固前卸载；在加固部位增设混凝土柱，并与原构件可靠连接
钢筋水泥砂浆(或钢筋网砂浆)加固法		承载力、刚度及抗剪强度不够的墙体	加固前卸载；剔除砖墙表面层；铺设钢筋网；喷射混凝土砂浆或细石混凝土
加大截面加固法(混凝土层加固和外包钢加固)	工艺简单；适应性强；可有效提高承载力；影响使用空间；现场湿作业时间较长	受弯矩较大的柱、带壁墙	砌体表面处理，将砌体角部每隔 5 皮打掉一块；采用加固措施，保证两者协同作用
注浆、注结构胶法	可显著提高砖柱承载力；工艺简单	砖柱	表面处理；安装灌浆嘴排气口；封缝；密封检查；配制胶料；压力灌注；封口；检验

3) 钢结构加固

常用的钢结构加固方法的主要特点、适用范围、施工要点见表 6-3。

表 6-3　常用的钢结构加固方法

加固方法	主要特点	适用范围	施工要点
改变结构计算简图的加固法	增设杆件和支撑，改变荷载分布状况、传力途径、节点性质和边界条件；考虑空间协同工作；影响使用空间；用钢量增加	钢柱、钢梁	严格按加固设计要求进行施工
增大构件截面的加固法	施工方便；适用性较好；可在负荷状态下加固	钢梁、钢柱、桁架杆件	直接将加强部分焊于原构件上即可，但需注意构件是否具备可焊性，同时对受拉杆件不宜采用焊接
加强连接的加固法	可直接或间接提高结构承载力	原有承载力不足的连接；加固件与原构件间的连接节点的加固	综合考虑各种结构的受力特性与连接特点，采用合理的连接方式，当采用复合连接时要注意施工顺序

6.4.2　建筑结构改建

建筑结构改建是为了使废弃的建筑等能够满足再生利用后的新需求和新形态，通过采用新技术、新材料对建筑的外部形态和内部空间进行调整、更新，改变其使用功能并延长其生命周期的一种处理策略。

对建筑结构以何种形式进行改建，应根据其建设年代、破损程度、结构情况、抗震设防烈度、场地地质情况、检测评定结果及使用要求等做出判断。一般来说，建筑结构改建形式的确定，不仅需要从扩大使用面积、节省用地和投资方面出发，还应合理分析其经济效益、社会效益、环境效益等多方面因素。目前，建筑结构改建的基本形式主要包括外接、增层、内嵌、下挖，其中外接又分为独立外接和非独立外接，增层又分为上部增层、内部增层和外套增层等情况。

1) 外接

外接，即原建筑结构的局部扩建，在原建筑结构周边加建一定数量的局部建(构)筑物或附属设施，包括独立外接和非独立外接两种形式，如图 6-6 所示。

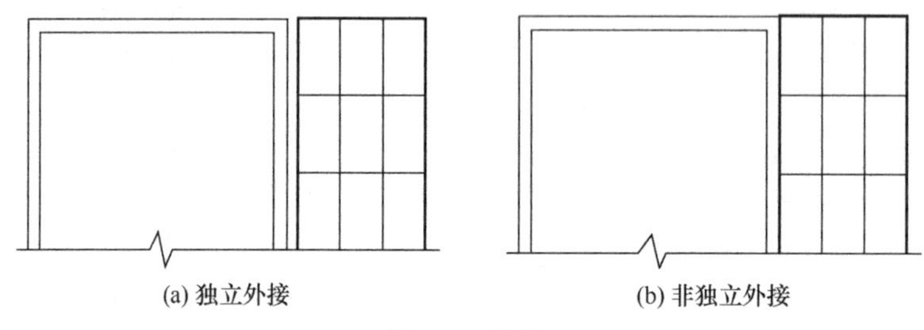
(a) 独立外接　(b) 非独立外接

图 6-6　外接

独立外接为分离式结构体系，原建筑结构与新增结构相互分离，独立承担各自的结构荷载。

非独立外接为协同式结构体系，原建筑结构与新增结构相互连接，共同承担结构荷载。根据连接节点的构造，非独立外接可分为铰接连接和刚接连接。

2) 增层

增层，即在原建筑结构上部或内部进行加层，包括上部增层、内部增层和外套增层三种形式，它是主体结构最常见的一种改建方式，如图 6-7 所示。

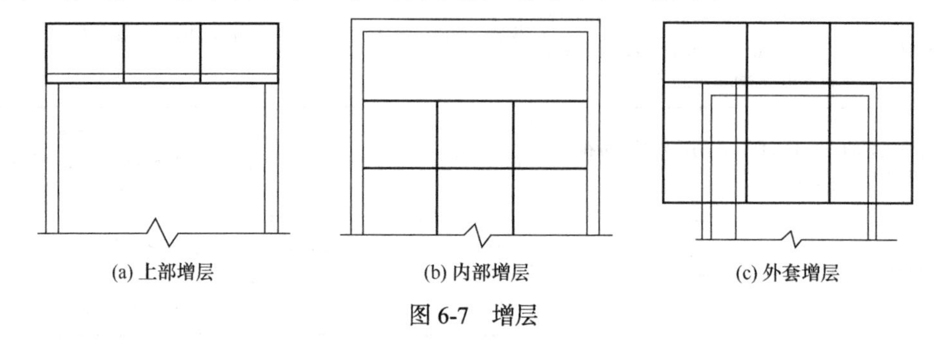
(a) 上部增层　(b) 内部增层　(c) 外套增层

图 6-7　增层

上部增层，即在原建筑的主体结构上直接加层，充分利用了原建筑结构及地基的承载力，增层后的新增荷载会通过原有承重结构传至基础或地基。

内部增层，即在原建筑内部增加楼层或夹层，将新增的承重结构与原有结构连在一起，共同承担建筑增层后的总竖向荷载及水平荷载。

外套增层，即在原建筑外部增设外套结构进行增层，使增层的荷载基本上通过在原建筑外新增设的外套结构构件直接传给新设置的地基和基础。

3) 内嵌

内嵌，即在原建筑内部进行加建或加层。与内部增层不同的是，内嵌与原建筑主体结构无连接，与周围建筑完全脱离，设置了独立的承重结构体系，如图 6-8 所示。

4) 下挖

下挖，即在不拆除原有建筑、不破坏原有环境以及保护文物的前提下，对原建筑内部进行下挖，形成部分地下空间，以满足一定的使用功能需求，如图 6-9 所示。

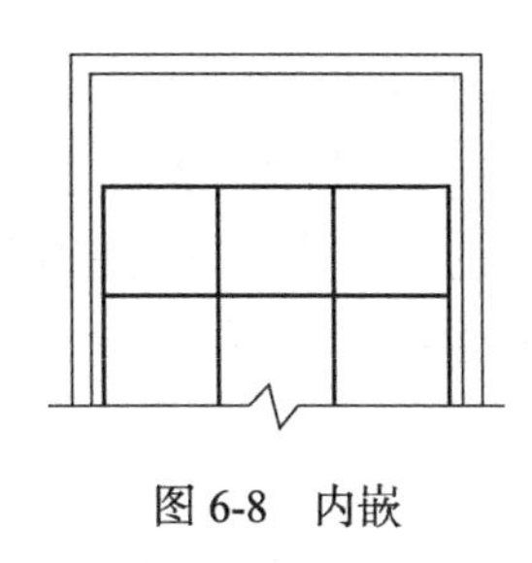

图 6-8　内嵌

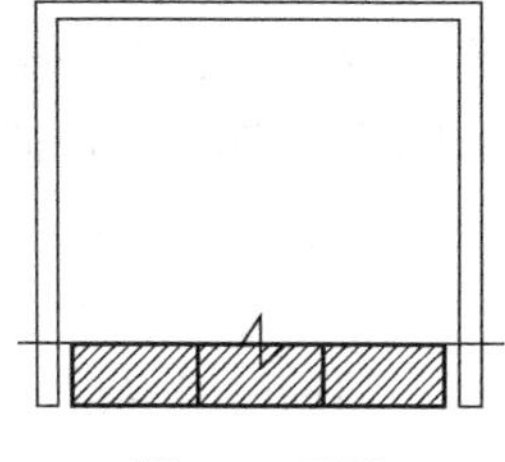

图 6-9　下挖

6.4.3　建筑结构纠倾

建筑结构纠倾，即利用合适的纠倾技术将已倾斜的建筑结构扶正到要求的限度内，以保证建筑结构的安全和建筑物功能的正常发挥。

目前常用的建筑结构纠倾方法主要有两类：一类为对沉降小的一侧采取迫降纠倾技术，用人工或机械施工的方法使建筑原来沉降较小侧的地基土局部掏除或土体应力增加，迫使土体产生新的竖向变形或侧向变形，使建筑该侧在一定时间内的沉降加剧，从而纠正建筑倾斜；另一类是对沉降大的一侧采取顶升纠倾技术。具体的建筑结构纠倾方法见表 6-4。

表 6-4　常用的建筑结构纠倾方法

类别	方法名称	基本原理
迫降纠倾	堆(卸)载纠倾法	增加沉降小的一侧的地基附加应力，加剧其变形，或减小沉降大的一侧的地基附加应力，减小其变形
	掏土纠倾法	采用人工或机械方法局部取出基底或桩端下部土体，迫使地基中的附加应力增加，加剧土体变形
	降水纠倾法	利用地下水位降低来增大附加应力，对地基变形进行调整
	浸水纠倾法	通过在土体内成孔或成槽，并在孔内或槽内浸水，使地基土湿陷，迫使建筑物下沉
	部分托换调整纠倾法	通过对沉降大的一侧的地基或基础的加固，减小该侧沉降，然后使沉降小的一侧继续下沉
	桩基切断纠倾法	在沉降大的一侧对柱或桩进行限位切断迫降处理
顶升纠倾	整体顶升纠倾法	在砌体结构中设置托换梁，在框架结构中设置托换牛腿，利用基础提供的反力对上部结构进行抬升
	压桩反力顶升纠倾法	先在基础中压入足够的桩，利用桩的竖向承载力作为反力，将建筑物抬升
	高压注浆顶升纠倾法	利用压力注浆在地基中产生的顶托力将建筑物顶托升高

6.5　配套工程施工

6.5.1　管道修复

管道在使用多年后，由于受到连续或间断性的物理、化学作用以及生物力的侵蚀，会出现不同程度的损坏，如管道腐蚀、管道破裂等。在再生利用中，为了使原有管道适用于新的使用功能，需要对原有管道进行修复。目前常见的管道修复方法有换管修复法、堆焊/补焊法、瑞普特水激活聚合物缠绕带修复法、狄莫特渗漏修复组合法、原位固化法、紫外光固化法、毡筒气囊局部成型法等。

1) 换管修复法

换管修复法可以一次性解决修复段所存在的所有问题，而且是永久性的一种管道修复方法。换管修复法能够彻底解决管道破损的问题，但同时存在着安全风险和环境风险大、对设备和工人的要求高、耗费时间长、对周围影响大的缺点。

2) 堆焊/补焊法

堆焊/补焊法是直接对运行中的管道进行焊接作业的一种管道修复方法。堆焊/补焊具有优质、高效、低稀释率的优点，但同时存在着对焊接电流和焊接熔深要求高的缺点。

3) 瑞普特水激活聚合物缠绕带修复法

瑞普特水激活聚合物缠绕带修复法是指由一种水激活聚氨基甲酸酯预浸渍的玻璃纤维网状材料和环氧灰泥填充物组成缠绕带，缠绕在破损管道的位置，形成像壳一样的整体保护套的一种管道修复方法。瑞普特水激活聚合物缠绕带修复法具有修复时间短、使用方便、应用范围广的优点，适用于工厂、城市用水、天然气分配、石油天然气、采集灌溉、海事应用中的管道修复工程。

4) 狄莫特渗漏修复组合法

狄莫特渗漏修复组合法是指将精选钢、铝和其他金属颗粒配比结合成高分子链，相互交织形成三维立体结构，最终形成一种有出色物理性能的全新、耐用的金属基材料，实现对管道进行修复的方法。狄莫特渗漏修复组合法具有可以粘接众多材料表面、结合任何材料或材料混合物的优点，适用于渗漏、磨损、腐蚀、开裂、变形等众多设备问题。

5) 原位固化法

原位固化法是指在原有管道内部做一个新的管道，使其具有独立的结构强度，可单独支撑外部压力和内部水压的一种管道修复方法。原位固化法具有对环境污染小、对交通影响小、不扰民、低碳、施工速度快、管材质量好、占地面积小等优点，适用于重力流管道、给排水管道、燃气管道、石油化工管道的翻新工程。

6) 紫外光固化法

紫外光固化法是指将碾压好的玻璃纤维软管拉入待修的管道中，用紫外光固化后完成修复的方法。紫外光固化法具有环保、经济、非开挖修复的优点，适用于地下排水管道等非开挖修复管道的内部增强和防腐维护。

7) 毡筒气囊局部成型法

毡筒气囊局部成型法是指在管道产生局部裂缝、渗漏、破损的情况下，需要紧急抢修时，把涂抹有树脂混合液的玻璃纤维毡布用气囊紧压于管道内壁上，通过常温、加热或紫外线照射等方式实现固化，在修复点管内形成新内衬管的一种非开挖修复方法。毡筒气囊局部成型法具有保护环境、节省资源、不开挖路面、不产生垃圾、不堵塞交通等优点。

6.5.2　设施更新

设施更新主要包括给排水系统更新、供热与燃气供应系统更新、供配电系统更新、弱电系统更新、通风系统更新、电梯系统更新、消防系统更新等，如图 6-10 所示。针对土木工程再生利用来说，本节将主要以建筑消防系统更新为例进行详细介绍。

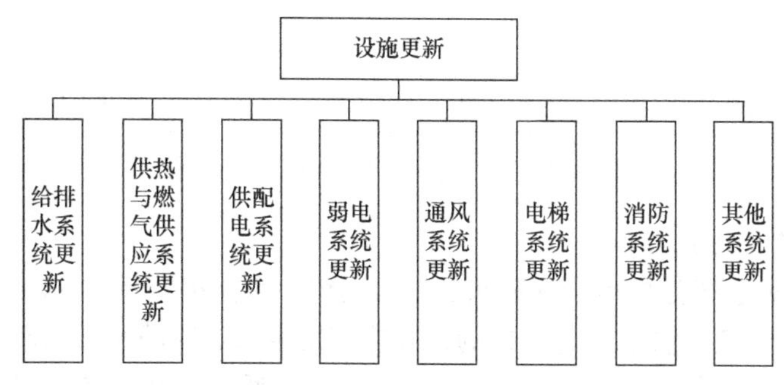

图 6-10　设施更新内容

土木工程再生利用实现了使用功能的转变，消防系统必须进行更新，以适应新的使用用途。本节重点介绍用于早期发现火灾并实现火灾预警功能的火灾自动报警系统、用于实现灭火功能的室内消火栓系统和自动喷水灭火系统。

1) 火灾自动报警系统

火灾自动报警系统是由触发装置、火灾报警装置、联动输出装置以及具有其他辅助功能的装置组成的。它能在火灾初期，将燃烧产生的烟雾、热量、火焰等物理量，通过火灾探测器变成电信号，传输到火灾报警控制器，并同时以声或光的形式通知整个楼层进行疏散，火灾报警控制器记录火灾发生的部位、时间等，使人们能够及时发现火灾，并及时采取有效措施，扑灭初期火灾，最大限度地减少因火灾造成的生命和财产损失，是人们同火灾作斗争的有力工具。火灾自动报警系统施工工艺流程如图 6-11 所示。

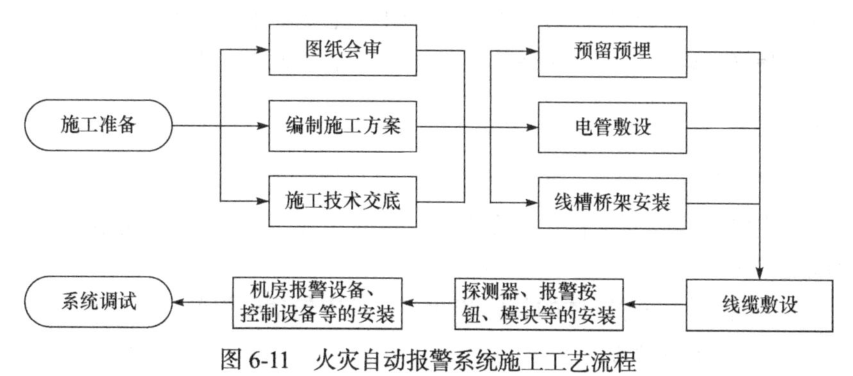

图 6-11　火灾自动报警系统施工工艺流程

2) 室内消火栓系统

室内消火栓系统是消防水系统重要的一部分，它安装在室内消防箱内，一般公称通径有 DN50、DN65 两种，公称工作压力为 1.6MPa，强度测验压力为 2.4MPa，适用介质有清质水、泡沫混合液。通常室内消火栓系统可分为普通型、减压稳压型、旋转型等，它的灭火方式为将人工用水带连接至栓口进行灭火，此外，消火栓箱内还有消火栓按钮，可以远程启动消防泵给消火栓进行补水。室内消火栓系统施工工艺流程如图 6-12 所示。

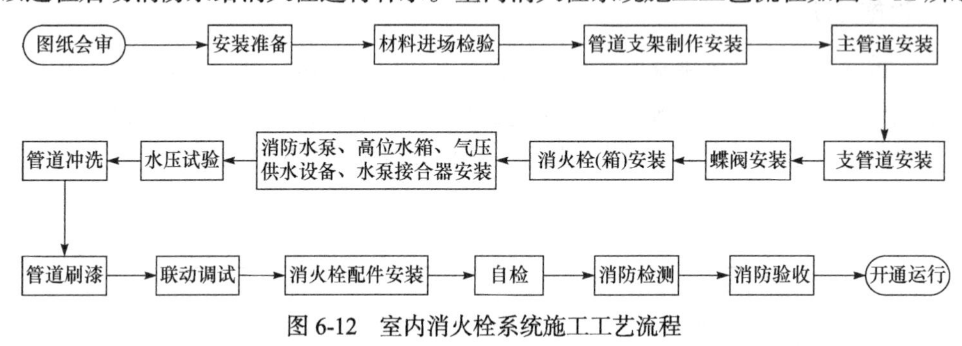

图 6-12　室内消火栓系统施工工艺流程

3) 自动喷水灭火系统

自动喷水灭火系统是指由洒水喷头、报警阀组、水流报警装置(水流指示器或压力开关)等组件，以及管道、供水设施组成的，并能在发生火灾时喷水的自动灭火系统。自动喷水灭火系统分为湿式自动喷水灭火系统和干式自动喷水灭火系统。自动喷水灭火系统施工工艺流程如图 6-13 所示。

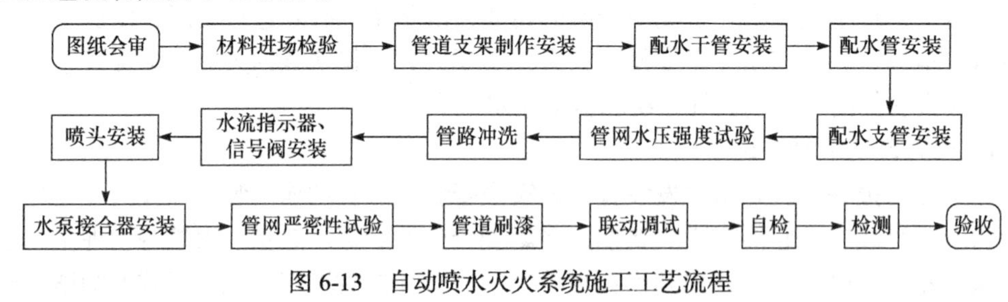

图 6-13　自动喷水灭火系统施工工艺流程

6.5.3　装饰装修

装饰装修应遵循绿色生态、可持续发展和简装修、重装饰的理念，做到节能、节水、节材、节电和环境保护，积极采用新技术、新工艺、新材料、新产品，提高装饰装修水平，保证装饰装修工程质量。目前装饰装修主要包括两大项：硬装和软装。

1. *硬装*

硬装是为了满足房屋结构、布局需要，在建筑物表面或内部添加的一种不可移动的装饰物。硬装主要包括墙面工程、地面工程、顶面工程、木作工程、油漆工程。

1) 墙面工程

墙面工程主要指的是对墙体的装修和调整，其中包括刷涂料、贴壁纸、铺板材、做“石墙”、做软包、做造型等。

(1) 刷涂料。

刷涂料是指对墙壁进行面层处理，用腻子找平，打磨光滑、平整后刷涂料，这里的涂料主要是乳胶漆。墙的上部与顶面交接处用石膏线(或木线条)做装饰线，下部与地面交接处用踢脚线收口，这是对墙壁最简单也是最普遍的装修方式。这种处理方式简洁明快，房间显得宽敞明亮，但缺少变化。可以通过悬挂画框、照片、壁毯等，配以射灯打光，进行点缀。

(2) 贴壁纸。

贴壁纸是指墙壁面层处理平整后，铺贴壁纸。壁纸种类非常多，色彩、花纹非常丰富，若壁纸脏了，处理起来也很简单，新型的壁纸都可以用湿布直接擦拭，旧壁纸可直接撕掉更换成新壁纸。

(3) 铺板材。

铺板材是指对墙面整体铺上基层板材，外面贴上装饰面板。还有一种虽是用密度板等板材整面铺墙，但上面再刷上白色乳胶漆，从外表上看不出是用板材装修的，这种方式利用了密度板切割方便、边缘整齐平直的特点，通过板材的拼接来做直线、坑槽等造型，这样既可使墙面平整、造型细致，又避免了大量使用板材而带来的拥挤感。

(4) 做“石墙”。

做“石墙”是指把鹅卵石、板岩、砂岩板、石英板等批分成片状，砌成一面墙面。此类“石墙”吸水率低、耐酸、不易风化、吸声效果好、装饰性很强；做“石墙”时还可以在贴面石膏板上雕起伏不平的砖墙缝，贴在墙壁上凹凸分明，辅以灯光后层次感非常强，装饰效果显著。

(5) 做软包。

做软包是指在墙壁上钉海绵之类的软物，外面包上一层装饰布。做软包可以使整个房间显得富丽堂皇，且装饰布的色彩、图案种类繁多，挑选的余地很大，但是也具有使小房间显得更加拥挤、易燃、不易清洗的缺点。

(6) 做造型。

做造型是指由于工艺造型墙面的装饰样式与风格多种多样，可以结合墙体结构，根据使用功能进行综合设计。例如，墙体上作电视机柜、书柜、博古架、酒吧台、壁炉或者单纯的工艺造型，都会使墙体装饰非常丰富，还能满足使用要求。在无窗房间的墙壁上用窗框、玻璃等做一面假窗，则会使房间显得通透、宽敞许多。

2) 地面工程

地面的装饰装修应具有耐磨、防水、防潮、防滑、易于清扫、一定的隔声/吸声/抗静电功能及弹性、保温性和阻燃性等特点，常见的室内地面装修材料有天然石材、复合地板、实木地板、瓷砖等材料。

(1) 天然石材。

用天然石材整体铺贴来装饰地面，要比其他材料重很多，容易增加楼板的负重，在装修时最好参考建筑图纸进行施工。天然石材装修非常大气，适合用在较大的房间，但是防滑效果不是很好。

(2) 复合地板。

复合地板是指人为改变地板材料的天然结构，使其某项物理性能符合预期要求的地板。复合地板具有耐磨耐刮、抗踩抗压、花色丰富、时尚多变、安装方便、保养简单、价格便宜、性价比高的优点。

(3) 实木地板。

实木地板是指天然木材经烘干、加工后形成的地面装饰材料。它具有木材自然生长的纹理，是热的不良导体，能起到冬暖夏凉的作用，并且具有脚感舒适、使用安全的优点，但是也具有不好保养、怕硬物磨损的缺点。

(4) 瓷砖。

瓷砖是指将耐火的金属氧化物及半金属氧化物，经由研磨、混合、压制、施釉、烧结之后，而形成的一种耐酸碱的瓷质或石质建筑或装饰材料。它具有拒水透气性强、自重轻、柔性好、防水性能好、耐酸碱、耐冻融、抗震和抗裂性能好等优点。

3) 顶面工程

顶面装饰装修工程主要包括轻质板吊顶、玻璃吊顶、金属板吊顶、胶合板吊顶、竹材吊顶、花格吊顶。

(1) 轻质板吊顶。

轻质板包括石膏板、珍珠岩装饰板、矿棉装饰板、钙塑泡沫装饰板、塑料装饰板和纸面稻草板。其形状有长、方两种，方形者边长为 300～600mm，厚度为 5～40mm。轻质装饰板表面多有凹凸的花纹或构成图案的孔眼，具有一定的吸声性。

(2) 玻璃吊顶。

玻璃吊顶多用于空间较小、净高低的场所，主要目的是增加空间的尺度感。玻璃吊顶的外形多为长方形，边长为 500～1000mm，厚度为 5～6mm，玻璃可以车边，也可以不车边。

(3) 金属板吊顶。

金属板包括不锈钢板、钢板网、金属微孔板、铝合金压型条板以及铝合金压型薄板。金属板吊顶的特点首先在于它的重量轻、耐腐蚀、耐火；其次还有一定的吸声性、表面伴有小孔。

(4) 胶合板吊顶。

胶合板吊顶是现代装修常用的一种吊顶方式，板材龙骨多为木龙骨。胶合板吊顶具有尺寸较大、容易裁剪的优点，多用于声学要求和装饰要求高的场所，如音乐厅、舞台等场所。

(5) 竹材吊顶。

竹材吊顶具有较好的韧性和弹性，抗弯力强、不易折断，但是也具有怕虫蛀、怕腐朽、缺乏刚性、易吸水、易开裂以及易燃和易弯曲等缺点。竹材吊顶大多运用在传统民居的室内空间。在现代室内空间中，竹材吊顶大多用于茶室、餐厅和其他借以强调地方特色和田园气息的场所。

(6) 花格吊顶。

花格吊顶常由木材或金属构成，花格的形状可为方形、长方形、正六角形、长六角形、正八角形或长八角形。花格吊顶具有经济、简便而不失美观的优点，常用于超市及展览馆等场所。

4) 木作工程

木作工程主要包括门套工程、窗套工程、客厅背景墙工程、木质鞋柜、定制衣柜、定制书柜、衣橱、木质隔墙工程等。

5) 油漆工程

油漆工程主要是指对装饰面板、家具等进行油漆处理。

2. 软装

软装是关于整体环境、空间美学、陈设艺术、生活功能、材质风格、意境体验、个性偏好，甚至风水文化等多种复杂元素的创造性融合。软装中的关键元素主要包括家具、饰品、灯饰、布艺品、花艺及绿化造景，具体内容见表 6-5。

表 6-5　软装关键元素

分类	内容
家具	支撑类家具、储藏类家具、装饰类家具，如沙发、茶几、床、餐桌、餐椅、书柜、衣柜、电视柜等
饰品	摆件和挂件，包括工艺品摆件、陶瓷摆件、铜制摆件、铁艺摆件，以及挂画、插画、照片墙、相框、漆画、壁画、装饰画、油画等
灯饰	吊灯、立灯、台灯、壁灯、射灯等
布艺品	窗帘、地毯、桌布、桌旗、靠垫等
花艺及绿化造景	装饰花艺、鲜花、干花、花盆、艺术插花、绿化植物、盆景园艺、水景等

思　考　题

6-1. 土木工程再生利用项目施工的基本内涵是什么？

6-2. 土木工程再生利用项目施工的主要内容有哪些？

6-3. 简述常用的拆除施工方法。

6-4. 简述常用的地基加固方法。

6-5. 简述常用的基础托换方法。

6-6. 常用的混凝土结构加固方法有哪些？简述其主要特点、适用范围和施工要点。

6-7. 常用的砌体结构加固方法有哪些？简述其主要特点、适用范围和施工要点。

6-8. 常用的钢结构加固方法有哪些？简述其主要特点、适用范围和施工要点。

6-9. 简述建筑结构改建的基本形式。

6-10. 简述常用的建筑结构纠倾方法。

6-11. 简述常用的管道修复方法。

6-12. 装饰装修的主要内容有哪些？

参考答案

第 7 章　土木工程再生利用项目管理

7.1　项目管理基础

1. 基本内涵

1) 项目管理

现代项目管理理论认为，项目管理是通过项目经理和项目组织的配合，运用系统理论和方法对项目及其资源进行计划、组织、协调和控制，旨在实现项目特定目标的管理方法体系。对一个工程项目来说，项目管理包含内容较多，覆盖范围较广。争取项目成功是进行项目管理的最终目标，对于以工程建设为根本任务的建设项目来说，判断其是否成功的主要标准就是项目施工建设的目标完成程度如何，因此建设项目中的施工管理是项目管理的重中之重。

2) 施工管理

施工管理是指在工程建设项目施工全过程的各个环节中，进行组织、规划、控制、指挥和协调等管理活动，最终达到保证工程质量、缩短工期、降低成本等目的。

土木工程再生利用施工管理是以再生利用项目为管理对象，在一定的约束条件下，以最优地实现工程项目目标为目的，按照其内在的逻辑规律对再生利用项目施工过程进行有效的计划、组织、协调、指挥、控制的系统管理活动。本章着重介绍土木工程再生利用施工管理的相关内容。

2. 主要内容

施工管理工作贯穿土木工程再生利用项目的施工全过程，每个环节的内容都有所不同。土木工程再生利用施工管理的主要内容包括安全管理、质量管理、进度管理、成本管理和环境管理。

1) 安全管理

安全管理是通过分析各种潜在的不安全因素，从技术、组织和管理上采取针对性的防控措施，及时有效地消除和解决各种不安全因素，防止安全事故的发生，从而保证项目施工过程的安全。

2) 质量管理

质量管理是通过运用一定的方法和工具，重视施工质量的过程控制，防止施工质量事故发生，最终确保整个工程质量。

3) 进度管理

进度管理是通过及时检查、发现并解决施工中存在的问题和偏差，保证施工进度计划的正常实施，实现预期施工目标的过程。

4) 成本管理

成本管理是通过有效的组织、计划、控制和协调等活动，将施工成本控制在目标范围内，最大程度地节约成本，实现投资价值的最大化。

5) 环境管理

环境管理是通过科学管理和技术进步，最大限度地节约资源，减少对环境的负面影响，实现“四节一环保”，最终达到经济、社会、环境等综合效益的最大化。

3. 工作流程

土木工程再生利用施工管理工作流程如图 7-1 所示。

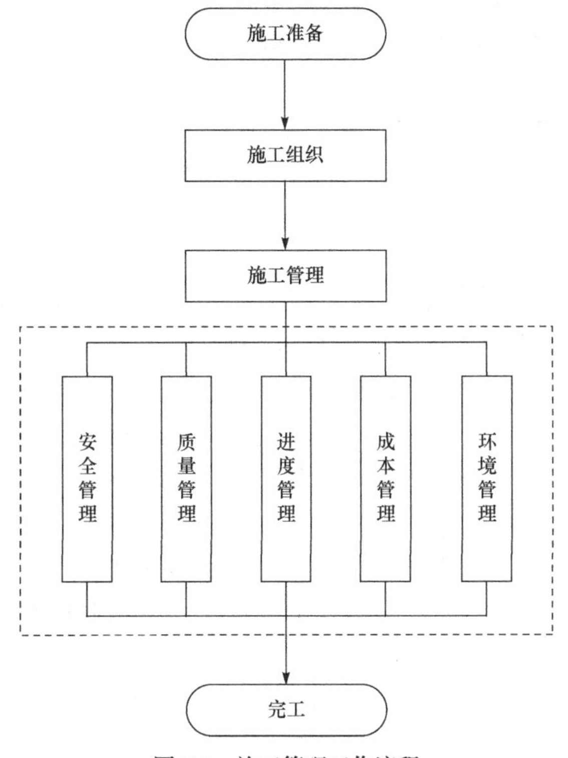

图 7-1　施工管理工作流程

7.2　安 全 管 理

7.2.1　安全管理内涵

1. 基本概念

施工安全管理是指在工程项目的施工过程中，运用现代安全管理的原理、方法和手段，分析并研究各种潜在的不安全因素，从技术、组织和管理上采取针对性的防控措施，及时有效地消除和解决各种不安全因素，防止安全事故的发生，从而保证施工的安全运行。

2. 主要特点

土木工程再生利用施工安全管理坚持“四全”动态管理，即安全工作必须是全员、全过程、全方位、全天候的动态管理。土木工程再生利用施工安全管理具有下列特点。

1) 预防性

施工安全管理必须坚持“安全第一，预防为主”的原则，体现安全管理的预防和防控作用，针对施工的全过程制定一系列安全技术和管理措施。

2) 全过程性

施工安全管理不仅仅涉及施工过程，安全策划应包括从可行性研究到设计、施工，直至竣工验收的全过程策划，使安全技术措施贯穿施工生产的全过程。

3) 可操作性

施工安全管理应尊重实际情况，遵守国家的法律法规，遵照地方政府的安全管理规定，制定具有针对性的、科学可操作性的施工安全措施。

7.2.2 安全管理内容

土木工程再生利用项目不同于一般的新建项目，施工安全管理内容主要包括两部分：施工准备阶段安全管理和施工阶段安全管理，如图 7-2 所示。

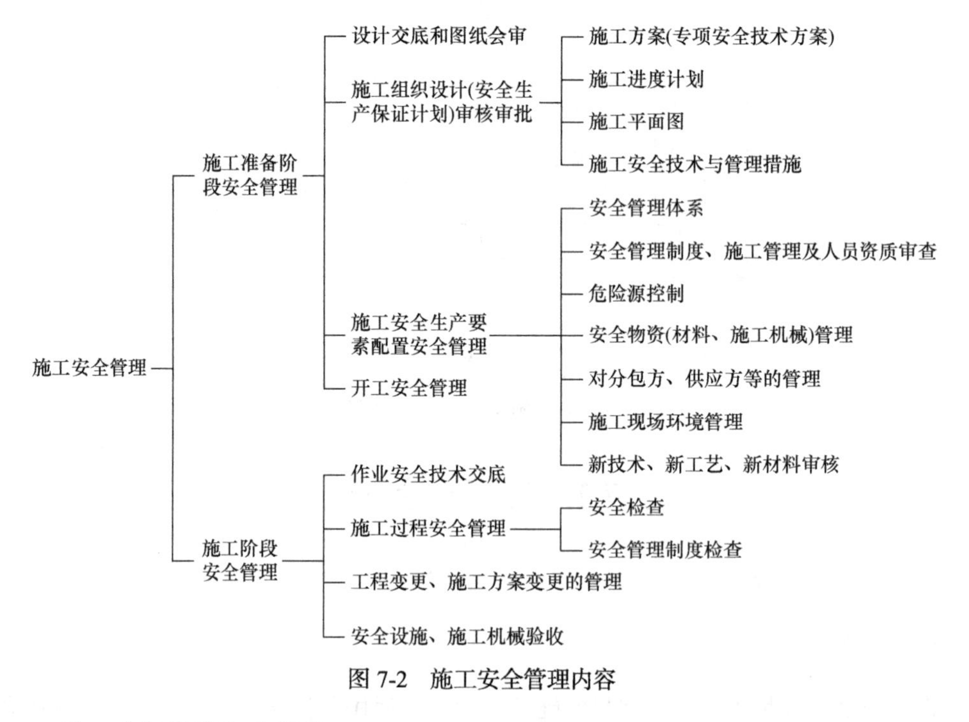

图 7-2 施工安全管理内容

1) 施工准备阶段安全管理

在各工程项目正式施工活动开始前，对各项准备工作及影响施工安全生产的各项因素进行的管理工作，这是确保工程项目施工安全的先决条件。

2) 施工阶段安全管理

在施工过程中对实际投入的生产要素及作业活动等的实施状态和结果所进行的管理工作，这是施工安全管理的关键部分。

7.2.3　安全管理方法

与一般新建项目相比，土木工程再生利用项目施工过程中的复杂性和不确定性更大，需要考虑施工障碍物多、施工场地狭窄、大型机械使用受限的特点，并应注重防倒塌、防火灾、防高处坠落、防污染以及减少扰民等安全措施。施工安全管理方法如下。

(1) 建立安全管理制度。与其他工程项目一样，土木工程再生利用项目应依据我国现行有关施工安全的法律法规并结合项目施工特点，建立安全管理制度，主要有安全生产责任制、安全生产检查制度、安全生产教育制度、安全技术交底制度、安全生产资金保障制度、安全用电管理制度、消防保卫制度、文明施工管理制度、事故报告与处理制度等。

(2) 组建安全管理机构。作为项目安全的重要组织保证，安全管理机构具有落实国家安全法律法规，组织各种安全教育、检查活动，以及及时整改各种安全隐患等重要职能，应建立以项目经理为首，技术负责人、施工员、安全员、班组长参加的安全领导小组。

(3) 安全投入管理。项目部应单独设立“安全生产专项资金”科目，使安全投入做到专款专用，并根据不同阶段对安全生产和文明施工的要求编制安全生产资金计划，确保安全生产资金的投入与项目进度同步。当项目部编制的安全生产资金不足时，应及时追加投入资金。

(4) 原建筑结构加固。通过对工程实体进行检测鉴定与现场勘察，在详细了解工程本身存在的安全问题后，制定合理的加固方案，对破坏严重、容易倒塌的安全问题应及时进行处理。

(5) 原构件设备安全拆除。由于再生利用会使原土木工程的功能发生巨大的转变，对部分结构构件、废弃的工业设备需要进行不同程度的拆除，应结合现行规范，有针对性地制定专项施工拆除方案，但需注意，构件设备拆除时，不应损伤保留再生利用的部分；地下构件的拆除或置换应不影响上部及相邻结构构件的正常使用。

(6) 遗留污染物处理。由于部分土木工程的特殊性，会遗留大量隐性的污染物，若不对这些污染物加以处理，则在施工和使用中易导致人员受到严重的伤害。

(7) 邻近土木工程的安全管理。一般情况下，土木工程再生利用所处的区域发展相对成熟，邻近既有土木工程等较为密集，在进行再生利用施工时，可能对邻近既有土木工程等产生影响，需要对其进行一定的安全检查、监测等，排除潜在的安全隐患。

(8) 人员劳动防护管理。由于再生利用项目存在诸多安全隐患，并且交叉作业较多，易对作业人员造成伤害，因此应严格要求进场人员佩戴劳动防护用具，并在进场处设置检查点。

(9) 安全教育培训。安全生产意识和能力的匮乏是安全生产工作得不到落实、事故频发的重要原因之一。施工现场安全管理人员应重视安全教育培训工作，说明再生利用项目施工的特点与不同工种作业应防范的重点，对所有人员做好三级教育，并开展经常性安全教育和培训。

(10) 安全监督检查。通过安全检查对施工过程中存在的不安全因素进行预测、预报，对排查出的安全隐患要落实治理经费和专职负责人，限期进行整改，符合安全生产奖罚条件的立即进行奖罚。检查形式可采用定期检查与不定期抽查的方式，并对重点隐患、季节改变(雨季、冬季)造成的隐患进行排查。

(11) 设备设施管理。机械设备应严格按照操作流程使用，并定期进行保养，当发现有漏保、失修或超载带病运转等情况时，应立即停止使用。提升设备应安装牢固，并在设备下方建立隔离区，防止发生物体打击事故。机械操作人员和配合人员均要按规定穿戴劳动防护用具，长发不得外露，且不得酒后上岗。

(12) 用电管理。在工程施工现场作业时要经常与电打交道，难免会偶发触电事故，尤其是在潮湿、阴暗的地方施工时，触电的危险性更大。施工用电线路应按照施工组织设计、临时用电施工方案及有关电气安全技术规范安装和架设，线路上禁止带负荷接电或断电，并禁止带电操作。另外，还应保证各种设备外壳、交流电源均有接地系统，防止内漏电对人员的安全造成威胁；保证电气设备金属外壳连接零线，以保障安全。

(13) 文明施工管理。应当制定详细的安全文明施工目标计划，确保工程施工生产活动能安全有序地展开，并避免和消除其对周围环境的影响。根据安全生产管理规定，应在施工现场设置安全警示标语及警示案例、施工围挡、安全通道，并将物资码放整齐。

(14) 消防管理。由于场地狭窄，易燃可燃材料较为集中，现场工人施工、住宿、储存场所“三合一”的情况较为普遍，这使得现场存在大量的消防安全隐患，所以应注重消防安全管理，编制完善的防火技术方案，并重点采取如下消防措施：①施工现场应有足够且有效的消防设施；②严格控制施工现场的明火使用；③施工前充分了解所用材料的可燃性及燃烧后释放出有毒有害气体的情况；④高温施工操作前，应清除作业区及作业影响区的可燃物质；⑤设置必要的防火隔断。

(15) 应急管理。安全管理人员应通过危险辨识与事故后果分析，针对危险源和潜在事故制定应急预案，“及时进行救援处理”和“减轻事故所造成的损失”是事故损失控制的两个关键点，需要建立精干的应急队伍、灵敏的报警系统和完备的应急救援设施，同时还应定期组织培训和演练。

7.3 质量管理

7.3.1 质量管理内涵

1. 基本概念

施工质量管理是指通过充分运用一定的方法和工具，高度重视施工质量过程控制，确保质量方针、目标的实施和实现，防止工程施工质量事故的发生。施工质量是施工管理各方面工作成果的综合反映，对施工过程进行全方位的质量管理是保证工程质量的关键，同时也密切关系到人民生命财产的安全和社会的安定。

2. 主要特点

土木工程再生利用项目施工涉及面广，是一个极其复杂的综合过程。土木工程再生利用施工质量管理具有下列特点。

1) 复杂性

土木工程再生利用项目存在新旧结构协同工作，需要多专业、多工种的配合，影响因素众多且复杂多变等特点。施工质量管理并不是单一方面的管理，而是应该考虑并融合多种因素的管理行为。

2) 多变性

目前再生利用项目发展尚未完全成熟，影响再生利用项目施工质量的偶然性因素和系统性因素都较多，很容易产生质量的更改与变异，因此要把质量变异控制在偶然性因素范围之内。

3) 不确定性

施工项目由于工序较多，搭接交工的次数较多，隐藏工程多，因此在进行施工质量管理时，要灵活应对各种突发因素对施工项目造成的影响。此外，施工质量管理受投资、进度的制约较大，要正确处理质量、投资、进度三者之间的关系，使其达到对立的统一。

4) 同步性

工程完工后，质量问题不可逆向解决，因此施工质量管理必须与工程的施工进度同步进行，不可脱节，也不能滞后于施工。

7.3.2 质量管理内容

施工质量是从施工准备开始、经过施工过程到竣工验收这样一个过程逐步形成的。施工质量管理与工程项目同步、高质量运行，不可偏离工程项目，单独并且无目的地盲目执行。施工质量管理内容主要包括三部分：施工准备阶段的质量管理、施工阶段的质量管理和竣工验收阶段的质量管理。

1. 施工准备阶段的质量管理

施工准备是为保证施工正常进行而必须事先做好的工作。施工准备不仅在工程开工前要做好，而且贯穿于整个施工过程。施工准备的基本任务就是为工程建立一切必要的施工条件，确保施工生产顺利进行，确保工程质量符合要求。

1) 图纸审核与技术交底

施工人员应该熟悉图纸，确定方案，准备材料，明确任务，界定范围，递交质量标准，提交质量要求，使每个施工人员都清楚自己的施工任务、质量标准、施工工序等。通过审核图纸，可以广泛听取使用人员、施工人员的正确意见，弥补设计上的不足，提高设计质量；并且可以使施工人员了解设计意图、技术要求、施工难点等。技术交底是施工前的一项重要准备工作，可以使参与施工的技术人员与工人了解工程的施工特点、技术要求、施工工艺及施工操作要求等。

2) 施工现场准备

施工前现场的准备工作主要包括现场勘察和检查临时设施是否搭建，调查物资、劳动力准备是否充分等。掌握现场地质、水文勘察资料、临时设施搭建能否满足施工需要，保证工程顺利进行。检查原材料、构配件是否符合质量要求；施工机械是否可以正常进入运行状态；劳动力的调配、工种间的搭接能否为后续工种创造合理的、足够的工作面等。

2. 施工阶段的质量管理

施工阶段是形成项目实体的关键阶段，也是最终影响工程质量的重要阶段。为了保证工程施工质量，需要对施工工艺、施工工序、人员素质、设计变更与技术复核等影响施工质量的因素进行严格控制。

1) 施工工艺的质量控制

工程项目施工应编制《施工工艺技术标准》，规定各项作业活动和各道工序的操作规程、作业规范要点、工作顺序、质量要求等。应对关键环节的质量、工序、材料和环境进行验证，使施工工艺的质量控制符合标准化、规范化、制度化的要求。

2) 施工工序的质量控制

施工工序的质量控制包括影响施工质量的五大因素：人、材料、机械、技术和环境。通过工序检验等方式，准确判断施工工序质量是否符合规定的标准，以及是否处于稳定状态。如果出现偏离标准的情况，应分析产生的原因，并及时采取措施，使之处于允许的范围内。设立工序质量控制点的主要作用是使工序按规定的质量要求和均匀的操作而正常运转，从而获得满足质量要求的工程。

3) 施工人员素质的控制

施工过程中需定期对施工人员进行规程、规范、工序工艺、标准、计量、检验等基础知识的培训，并定期开展质量管理、质量意识教育。

4) 设计变更与技术复核的质量控制

加强对施工过程中提出的设计变更的控制。重大问题须经建设单位、设计单位、施工单位三方同意，由设计单位负责修改，并向施工单位签发设计变更通知书。对建设规模、投资方案等有较大影响的变更，须经原批准初步设计单位同意，方可进行修改。所有设计变更资料均需有文字记录，并按要求归档。对重要的或影响全局的技术工作，必须加强复核，避免发生重大差错而影响工程质量。

3. 竣工验收阶段的质量管理

1) 工序间交工验收工作的质量控制

工程施工中往往存在上道工序的质量成果被下道工序所覆盖，分项或分部工程质量成果被后续的分项或分部工程所掩盖的情况，因此要对施工全过程的各工序进行质量控制。要求班组实行保证本工序、监督前工序、服务后工序的自检、互检、交接检和专业性的质量检查，保证不合格工序不转入下道工序。

2) 竣工交付使用阶段的质量控制

单位工程竣工后，由施工项目的上级部门严格按照设计图纸、施工说明书及竣工验收标准，对工程的施工质量进行全面鉴定。

7.3.3 质量管理方法

在质量管理方法中，全面质量管理法是最常用也最为有效的一种管理方法，其主要特征体现在“管理对象是全面的、管理范围是全面的、参加管理的人员是全面的”。全面质量管理的基本方法为 PDCA 循环法。

1) 计划阶段(Plan)

在计划阶段，需要结合施工需求和施工现场实际情况来开展质量管理，确保全面质量管理计划的实用性和合理性。

2) 执行阶段(Do)

在执行阶段，需要做好全体参与人员的教育培训工作，借此来提升全面质量管理的执行力度。然后按照制定的计划组织开展施工，并且要全面保证施工过程符合相关要求。

3) 检查阶段(Check)

在检查阶段，需要对实际执行过程中的质量是否满足计划阶段的预期结果进行全面检查，及时发现和处理全面质量管理执行过程中出现的各种问题，确保工程施工质量可以满足相关方面的各种技术标准和规范要求。

4) 处理阶段(Action)

在处理阶段，需要对检查结果进行全面处理，如果全面质量管理取得了比较理想的检查成果，可以对相应的检查结果进行标准化处理，这样可以为后续全面质量管理的执行工作提供必要的指导和参考借鉴。

7.4 进 度 管 理

7.4.1 进度管理内涵

1. 基本概念

施工进度管理是指在按预定的计划进行工程施工的过程中，通过经常检查、发现执行中存在的问题和偏差，及时采取措施，排除干扰，纠正偏差，保证施工进度计划的正常实施，实现预期施工目标的过程。

2. 基本原理

施工进度管理是一个动态实施过程。在施工过程中，会因新情况的产生、各种干扰因素和风险因素的作用而发生变化，使实际进度偏离原定的进度计划。因此管理人员需按照动态控制原理，在进度计划执行过程中不断检查施工项目的实际进展情况，并将实际状况与计划安排进行对比，从中得出偏离计划的信息，然后在分析偏差及其产生原因的基础上，通过采取组织、技术、经济等措施维持原计划的正常实施。如果采取措施后不能维持原计划，则需要对原进度计划进行调整或修正，再按新的进度计划实施。

施工进度管理实质上也是进度管理 PDCA 循环的具体化，并在每一次滚动循环中不断提高，达到进度管理的持续改进。施工进度管理的基本原理如图 7-3 所示。

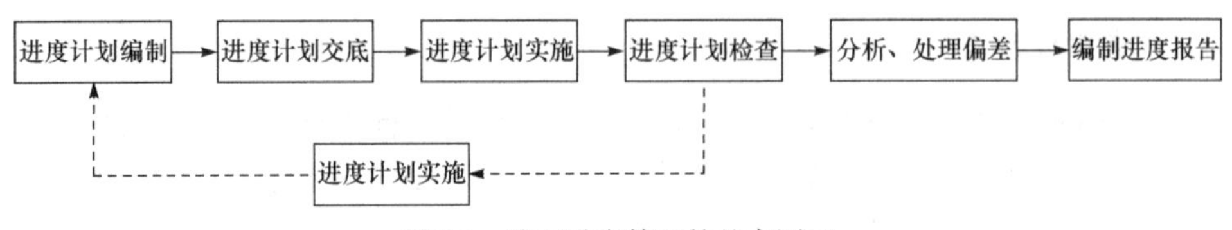

图 7-3　施工进度管理的基本原理

7.4.2　进度管理内容

施工进度管理主要包括两部分：进度计划的制定和进度计划的控制。

1. 进度计划的制定

施工进度计划是工程项目进度控制的依据，也是需要随着施工条件的变化而随时保持更新的工程文件。土木工程再生利用施工过程中可能会随时面临工作内容的更改、变化等情况，这就要求相应的施工进度计划也随之做出相应的调整。

1) 进度计划编制依据

施工进度计划编制依据包括工程项目承包合同中有关工期的规定；工程项目的全部设计施工图纸及变更洽商；工程项目所在地区的自然条件和技术经济条件；工程项目的预算资料、劳动定额及机械台班定额等；工程项目拟采用的主要施工规划和施工组织设计；工程项目所需要的主要资源的供应条件；已建成的同类或类似项目的实际施工进度等。

2) 进度计划编制的基本要求

施工进度计划编制的基本要求包括：①保证项目在合同规定的期限内完成，在保证工程质量的前提下，努力缩短施工工期。②保证施工的均衡性和连续性，充分利用既有建筑空间，合理组织施工，使施工总平面及空间得到合理布置。③尽量缩小施工现场各种临时设施的规模，充分利用既有场地的特点布置施工，节约资源，控制费用支出。④合理安排机械化施工，充分发挥施工机械的生产效率。机械的合理运用，不仅可以节约工程费用，还可以加快施工的进度。⑤保证施工质量和安全。再生利用项目的使用功能相比原设计用途发生了巨大变化，编制合理进度计划的前提是充分考虑新旧建筑结合、旧建筑加固等问题，保证施工的质量和安全。

3) 进度计划编制程序

施工进度计划编制程序为：①划分施工项目并列出工程项目一览表。②计算工程量。③确定施工期限。④确定开竣工时间。⑤编制施工进度计划图。⑥ 进度计划的检查和优化调整。

2. 进度计划的控制

施工进度计划控制的依据是项目的进度计划。在施工过程中，通过对实施情况做出及时有效的跟踪检查以获取有关实际施工进度的信息。对施工开展的时间进行对比、分析、调整和监控，分析实际施工进度与计划施工进度之间的偏差，找出偏差出现的原因，进而有针对性地提出解决对策，制定施工进度计划调整措施，保证施工过程有条不紊地按照预想的情况予以执行。

7.4.3　进度管理方法

施工进度管理主要是通过将实际进度与计划进度进行比较，找出它们之间的偏差，然后采取一定的措施，保证施工过程顺利进行。

1. 进度比较方法

实际进度与计划进度的比较是建筑施工项目进度管理的主要环节，常用的进度比较方法有横道图比较法、S 曲线比较法、挣值法、前锋线比较法和列表比较法等。

1) 横道图比较法

横道图比较法是指将项目施工过程中通过检查实际进度收集到的数据，经加工整理后直接用横道线平行绘于原计划的横道线处，进行实际进度与计划进度比较的方法。采用横道图比较法，可以形象、直观地反映实际进度与计划进度的比较情况。

2) S 曲线比较法

S 曲线比较法是以横坐标表示时间，以纵坐标表示累计完成任务量，绘制一条按计划时间累计完成任务量的 S 曲线，然后将施工项目实施过程中各检查时间实际累计完成任务量的 S 曲线也绘制在同一坐标系中，进行实际进度与计划进度比较的一种方法。同横道图比较法一样，S 曲线比较法也是在图上直观地对实际进度与计划进度进行比较的方法。

3) 挣值法

挣值法是一种分析目标实施与目标期望之间差异的方法，又可称作偏差分析法。挣值法通过测量和计算已完成工作的预算费用、已完成工作的实际费用、计划工作的预算费用，得到有关计划实施的进度和费用偏差，而达到判断项目预算和进度计划执行情况的目的。挣值法的特点在于通过预算和费用来衡量工程施工进度，能全面衡量工程施工进度、成本状况、资源和工程绩效情况。

4) 前锋线比较法

前锋线比较法是通过绘制某检查时刻施工项目的实际进度前锋线，进行工程实际进度与计划进度比较的方法，主要适用于时标网络计划。该方法通过实际进度前锋线与原进度计划中各工作箭线交点的位置来判断工作实际进度与计划进度的偏差，进而判定该偏差对后续工作及总工期的影响程度。该方法既适用于工作实际进度与计划进度之间的局部比较，又可用来分析和预测施工项目的整体进度状况。

5) 列表比较法

列表比较法是通过记录检查日期应该进行的工作名称及已经作业的时间，然后列表计算有关时间参数，并根据工作总时差进行实际进度与计划进度比较的方法。一般情况下，当工程进度计划用非时标网络图表示时，可采用列表比较法进行实际进度与计划进度的比较。

2. 进度控制措施

为实现对施工进度的有效控制，需根据施工项目的具体情况制定有效的进度控制措施。进度控制措施主要包括组织措施、技术措施、合同措施、经济措施和信息管理措施等。

1) 组织措施

组织措施主要包括：①落实施工进度控制的部门及具体人员，进行控制任务和管理职责的分工。②进行项目详细分解，建立进度计划编码体系。③确定施工进度协调工作制度。④分析影响进度目标实现的风险因素，采取控制预案和对策。⑤合理地组织资源投入，有节奏地组织均衡施工，提高生产效率。

2) 技术措施

技术措施主要是落实施工方案的部署，采用更加适合于再生利用项目的技术、工艺和材料等，缩短关键线路上各工作的工期，加快施工进度。

3) 合同措施

合同措施主要是合理划分施工界面，明确施工参与各方的任务和职责，保证施工现场条件落实、手续完备、图纸资料齐全、材料设备供应及时，合理处理工期索赔和争议事件。

4) 经济措施

经济措施主要是确定进度款的支付条件和方式，规定相应的奖惩措施，保证施工资金的供应。此外，加强索赔管理，公正地处理索赔。

5) 信息管理措施

信息管理措施主要是落实施工进度信息的收集、储存、检索和发布制度，按规定完成进度计划的修改和审批，定期(每月、旬或日)进行各层次、各方面的计划进度与实际进度的动态比较，分析施工进度的影响因素，提供施工进度报告。

7.5　成 本 管 理

7.5.1　成本管理内涵

1) 基本概念

施工成本管理是指在保证满足工程安全、质量、工期等要求的前提下，通过进行有效的组织、计划、控制和协调等活动，将施工成本控制在目标范围内，以寻求最大程度地节约成本的科学管理活动。通过有效地进行施工成本管理，以求降低成本、提高收益，实现投资价值的最大化。

2) 基本原理

施工成本管理是不断循环的动态过程，在施工过程中随时收集产生的大量数据和信息，实时进行实际成本与计划成本的比较，若发现成本偏差超出允许的范围，则及时采取纠偏措施，并根据实际成本状况，对近期的未来成本进行预测，使得实际成本不断接近成本控制的目标。

7.5.2　成本管理内容

施工成本管理内容主要包括四部分：成本计划、成本控制、成本核算和成本分析。

1) 成本计划

成本计划是以货币形式编制的施工项目在计划期内的生产费用、成本水平、成本降低率以及为降低成本所采取的主要措施和规划的书面方案，它是建立施工成本管理责任制、开展成本控制和核算的基础。成本计划的制定，可以在施工过程中和工程竣工后进行，有的放矢地对施工成本进行实时的监测、分析和控制，保证施工过程中的费用支出能够按照既定的计划有序地进行。

2) 成本控制

成本控制是指在施工成本形成的过程中，根据成本计划确定的各项成本控制目标，对影响施工成本的各种因素加强管理，采取一定的方法和措施，控制施工成本，随时纠正可能或已经发生的偏差，以保证施工成本目标实现的过程。

3) 成本核算

成本核算是通过对成本数据进行搜集和整理，对施工过程中所发生的各种费用进行核算，确定成本及盈亏情况，为及时改善成本管理提供基础依据。

4) 成本分析

成本分析是在成本形成过程中，对施工成本进行的对比、评价和总结工作。它贯穿于施工成本管理的全过程，主要是利用已完部分的施工成本资料，与计划成本进行比较，了解成本的变动情况，研究成本变动的原因，检查成本计划的合理性，揭示成本变动的规律，以便有效地进行成本控制。

7.5.3　成本管理方法

1) 科学合理地制定施工组织设计

管理人员应根据工程概况，合理进行施工方案的选择和施工部署，安排施工进度，使施工工序在时间安排上有序进行，在此基础上进一步制定材料及人工计划，保证每个阶段的资源都能得到充分的利用。

2) 建立成本管理责任制，落实对各个施工环节的成本控制

管理人员需要针对全部任务的完成情况进行良好的掌控，落实好对各个施工环节的施工成本的有效控制，根据施工的特点，运用科学有效的管理手段来对施工成本进行准确的计算，制定出合理的施工方案和施工投资方案，在保证质量的前提下，将项目施工成本降到最低，实现企业经济效益的最大化。

3) 提高设备的使用率，降低成本

管理人员须加强对施工设备的成本控制，提高施工设备的使用率，减少因设备维护或者设备的重新购买而导致更多的成本投入。此外，施工企业可按照合理比例承包施工设备，实现设备的使用价值，进而创造更多的经济价值及利润。

4) 制定完善的施工成本控制体系

在工程未正式开始施工之前，需要将施工成本放入施工计划当中，制定完善的施工

成本控制体系，有效地控制施工过程中所涉及的各项成本投入，促使施工过程中的成本投入更加规范化、程序化，降低资金浪费，进一步实现经济利润最大化，提高项目效益。

7.6 环境管理

7.6.1 环境管理内涵

1) 基本概念

施工环境管理是在保证工程质量、安全等基本要求的前提下，通过科学管理和技术手段，最大限度地节约资源，减少对环境的负面影响，实现“四节一环保”，最终达到经济、社会、环境综合效益的最大化。

2) 主要特点

土木工程再生利用施工环境管理是以实现土木工程绿色再生为目的，满足可持续发展与生态文明建设的时代要求。土木工程再生利用施工环境管理具有下列特点。

(1) 管理对象不同。相对于新建项目，再生利用项目具有主体结构已存在，设计施工须依托既有结构展开；原有建筑使用期内存在一定的污染问题，需要进行棕地处理等特点，在统筹管理过程中，需要展开针对性的控制。

(2) 管理目标不同。传统的施工管理主要强调了质量、成本和工期等，而土木工程再生利用项目施工环境管理要达到节约资源、健康舒适、回归自然的要求，同时兼顾质量、成本、工期、环境、资源和人文等内容，将环保性能、舒适度、健康性作为必要目标进行全局把控。

(3) 管理理念不同。传统施工管理方法片面地重视经济效益，一切以实现利润最大化为管理目标，严重忽视了能源的巨大消耗，忽视了由施工引起的环境问题。而环境管理强调的是不以牺牲生态环境为代价，能够做到各方利益的协调统一，最终形成环境友好、社会受益的和谐发展景象。

7.6.2 环境管理内容

施工环境管理主要包括两部分：资源节约和环境保护。

1) 资源节约

资源节约体现在再生利用过程中对所需要的各类资源的合理安排和使用，主要包括下列内容。①节约用地：合理利用原有建筑物、构筑物、道路、管线等。②节约用水：施工中使用节水设备、器材，合理利用施工中的现有水资源(雨水、地下水等)。③节约用能：使用节能设备、加强机械设备管理、严禁空载运行。④节约用材：加强材料采购、堆放、入库保管、发配料等环节的管理，减少非实体性材料消耗等。⑤合理安排入场劳动力及机械设备资源等。

2) 环境保护

在再生利用过程中对施工过程产生的各类污染进行合理的处理和控制，主要包括下列内容。①绿化控制：做好施工场地绿化。②垃圾控制：设立垃圾回收装置，及时处理生产生活垃圾及建筑垃圾等。③噪声控制：现场使用低噪声的施工机械，强噪声机械应设置封闭的机械棚以及禁止夜间施工等。④扬尘控制：利用苫网，人工苫盖裸露的土壤和其他易于飞扬起尘的物料表面或者通过雾化喷水、洒水、喷洒聚合物或抑尘剂等来控制扬尘。⑤污水控制：未达排放要求的污水需排放至污水处理厂，经处理之后再排放，严禁随意排放污水等。⑥光污染控制：严格控制大光灯的照明时间，合理安排电焊和气割场所等。

7.6.3　环境管理方法

1. 减少场地干扰、尊重基地环境

土木工程再生利用项目施工过程一定要避免对既有建筑结构、历史文化遗存的破坏。场地平整、土方开挖、施工降水、永久及临时设施建造、场地废物处理等均会对场地上现存的动植物资源、地形地貌、地下水位等造成影响；还会对场地内现存的文物、地方特色资源等带来破坏，影响当地文脉的继承和发扬。因此施工中减少场地干扰、尊重基地环境对保护生态环境及维持地方文脉具有重要的意义。业主、设计单位和承包商应当识别场地内现有的自然、文化特征，并通过合理的设计、施工和管理工作将这些特征保存下来。

2. 施工结合气候特征

在选择施工方法、施工机械，安排施工顺序，布置施工场地时应结合气候特征。这不仅可减少因为气候原因带来的施工措施的增加，以及资源和能源用量的增加，有效地降低施工成本，还可减少额外措施对施工现场及环境的干扰，并且有利于施工现场环境质量品质的改善和工程质量的提高。

3. 节约资源(能源)

(1) 节约利用水资源。通过监测水资源的使用，安装小流量设备和器具，在可能的场所重新利用雨水或施工废水等措施来减少施工期间的用水量，降低用水费用。

(2) 节约电能。通过监测电能利用率，安装节能灯具和设备，利用声光传感器控制照明灯具，采用节电型施工机械，合理安排施工时间等降低用电量，节约电能。

(3) 减少材料的损耗。通过合理就地取材，合理现场保管，减少材料的搬运次数，减少包装，完善操作工艺，增加摊销材料的周转次数等降低材料在使用中的消耗，提高材料的使用效率。

(4) 可回收资源的利用。一是使用可再生的或含有可再生成分的产品和材料；二是加大资源和材料的回收利用、循环利用，例如，在施工现场建立废物回收系统，回收并重复利用在拆除时得到的材料。

4. 减少环境污染、提高环境品质

工程施工中产生的大量灰尘、噪声、有毒有害气体、废物等会对环境品质造成严重的影响，也会损害现场工作人员、使用者以及公众的身体健康，因此减少环境污染，提高环境品质也是施工环境管理的基本工作内容。

思　考　题

7-1. 项目管理的基本内涵是什么？

7-2. 土木工程再生利用施工管理的基本内涵是什么？

7-3. 土木工程再生利用施工管理的主要内容有哪些？

7-4. 施工安全管理的主要特点有哪些？

7-5. 施工安全管理的主要内容有哪些？

7-6. 施工质量管理的主要特点有哪些？

7-7. 全面质量管理的基本方法(PDCA 循环法)包括几个阶段？

7-8. 施工进度比较的主要方法有哪些？

7-9. 施工成本管理的主要内容有哪些？

7-10. 施工环境管理的主要特点有哪些？

参考答案

第 8 章　土木工程再生利用项目验收

8.1　项目验收基础

1. 基本内涵

项目验收是指根据国家有关法律法规、工程建设的相关规范标准以及规划设计、合同文件等，对工程建设质量和资料进行评定的过程。

土木工程再生利用项目验收是依据勘察、设计图纸，合同及相关法规政策等，针对再生利用的对象，核查其各项工作或活动是否按阶段完成，交付成果是否满足相应的规划、设计等要求，并将核查结果记录在验收文件中的一系列活动。土木工程再生利用项目验收应遵循安全可靠、科学合理、符合标准的原则，做到程序合理、标准完善、资料齐全。

2. 主要内容

土木工程再生利用项目验收时，建设、监理、勘察、设计和施工等单位均应按相关标准进行，并对工程质量负终身责任。尤其建设单位应负最终责任，未通过项目验收不得投入运营。土木工程再生利用项目验收主要内容可进行以下分类。

1) 根据验收阶段分类

根据验收阶段的不同，土木工程再生利用项目验收可分为分项工程验收、分部工程验收、单位工程验收、单项工程验收、整体工程验收。如果是分期建设工程，可实行分期验收，但全部建成后应进行整体验收。

(1) 分项工程验收。

① 分项工程验收的组织。分项工程应由专业监理工程师组织施工单位项目专业技术负责人等进行验收。

② 分项工程验收的条件。分项工程验收应具备的条件主要包括：所含检验批的质量均应合格；检验批验收记录应完整。

(2) 分部工程验收。

① 分部工程验收的组织。实施建设工程监理的分部工程，应由总监理工程师组织施工单位项目负责人和技术负责人、勘察和设计单位项目负责人验收。建设单位项目负责人应对总监理工程师及工程项目参与方负责人的行为给予监督、检查、管理。

② 分部工程验收的条件。分部工程验收应具备的条件主要包括：所含分部工程的质量均应合格；质量控制资料应完整；涉及结构安全与功能的检测结果应符合设计及有关规定；质量应符合要求。

(3) 单位工程验收。

① 单位工程验收的组织。单位工程验收应由建设单位负责组织设计、施工、监理单

位验收，并主持验收会议。验收组由建设、勘察、设计、施工、监理单位和其他有关方面的专家组成。

② 单位工程验收的条件。单位工程验收应具备的条件主要包括：完成建设工程设计及合同规定的内容；有完整的技术资料和施工管理资料；有工程使用的主要建筑材料、建筑构配件和设备进场的试验报告；有勘察、设计、施工、监理单位分别签署的质量合格文件；设计内容已完成，工程质量和使用功能符合规范规定的设计要求。

(4) 单项工程验收。

① 单项工程验收的组织。单项工程验收应由建设单位负责组织设计、施工、监理单位验收，并主持验收会议。建设单位应组织勘察、设计、监理、施工、有关专家组成验收组。

② 单项工程验收的条件。单项工程验收应具备的条件主要包括：建设项目已按批准的设计文件和合同约定全部建成，并满足使用要求；再生利用建筑及公共配套设施、市政公用基础设施等单项工程验收合格；再生利用建筑的平面位置、立面造型、装修色调等符合批准的规划和设计要求；施工机具、暂设工程、建筑垃圾清运完毕，达到场清地平。

(5) 整体工程验收。

① 整体工程验收的组织。整体工程验收应由建设单位负责组织设计、施工、监理单位验收，并主持验收会议。建设单位应组织勘察、设计、监理、施工、有关专家组成验收组。

② 整体工程验收的条件。整体工程验收应具备的条件同单项工程验收的条件。

③ 整体工程验收的资料。整体工程验收应准备的资料主要包括：施工单位的工程竣工申请报告；勘察、设计、施工、监理单位签署的质量合格文件；完整的技术档案和施工管理资料；工程使用的主要建筑材料、建筑构配件和设备进场的试验报告；施工单位签署的工程质量保修书；城乡规划行政主管部门出具的相关证明；公安消防、环保等部门出具的认可文件或准许使用文件；建设行政主管部门及其委托的工程质量监督机构等有关部门责令整改的问题已全部整改完毕，并附有认可文件。

2) 根据验收对象分类

根据验收对象的不同，土木工程再生利用项目验收可分为区域规划验收、建(构)筑物验收、设备设施验收和环境修复验收。

(1) 区域规划验收。

区域规划验收是规划部门依据建设工程规划许可证及附图要求，对土木工程再生利用项目区域的功能分区、建筑风貌、景观工程、交通路网开展逐项检查，并核发规划验收合格文件的过程。此处的区域既可指以一种功能为主的历史街区、旧工业区、既有住区、村镇社区等，也可指包括多重功能的综合园区。

(2) 建(构)筑物验收。

建(构)筑物验收应按现行国家标准的有关规定，遵照验收程序，对土木工程再生利用建(构)筑物的检验批、分项工程、分部工程、单位工程进行验收。

(3) 设备设施验收。

设备设施验收是指结合具体的设备设施类型，严格按照合同以及现行国家和行业规范标准的有关规定，对设备设施的合格证件、外观质量、配置情况、安装质量、使用性能、养护维护等情况进行检查评定，并核发验收合格报告的过程。

(4) 环境修复验收。

环境修复验收是指环境保护主管部门依据修复目标值对土壤、水、空气、建筑构件、管道以及设备表面残留物进行检测，总体评估修复效果，并核发验收合格文件的过程。

3. 工作流程

土木工程再生利用项目验收的工作流程分为以监理单位为组织主体的验收流程和以建设单位为组织主体的验收流程，如图 8-1 所示。

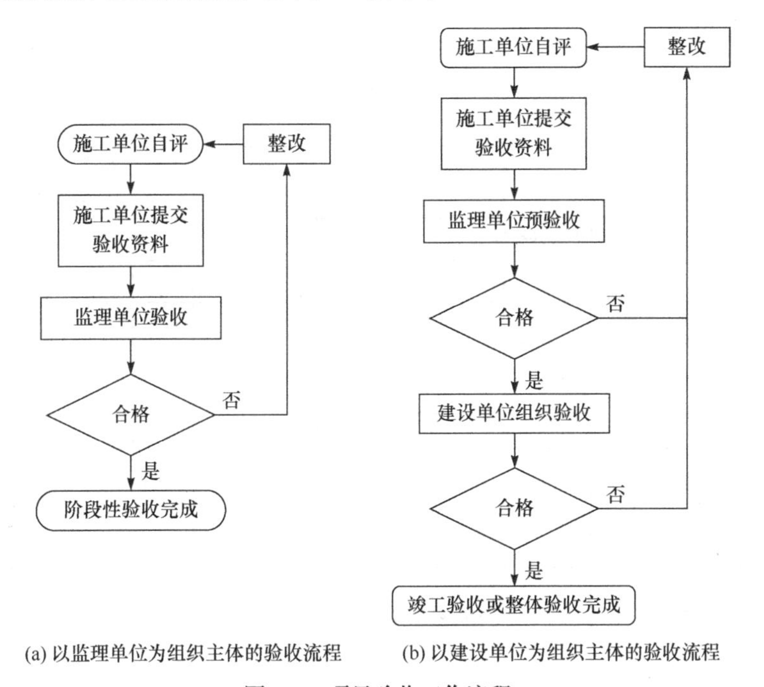

(a) 以监理单位为组织主体的验收流程　(b) 以建设单位为组织主体的验收流程

图 8-1　项目验收工作流程

8.2　区域规划验收

8.2.1　验收内容

区域规划验收主要包括功能分区验收、建筑风貌验收、景观工程验收和交通路网验收。验收内容见表 8-1。

功能分区验收主要包括：①土木工程再生利用项目的建设规模、使用性质、总平面布置、容积率、建筑密度等。②土木工程再生利用项目规划用地红线范围内的临时建(构)筑物和应拆迁的建(构)筑物的拆除情况。

建筑风貌验收主要包括再生建(构)筑物的风格、造型、外装饰等。

景观工程验收主要包括：①绿化工程，包含植被配置、绿化设计等。②水体工程，包含形态、水质、尺度、观景效果等。③小品工程，包含建筑遗存景观小品、新艺术景观小品等。④照明工程，包含夜景照明方案等。

交通路网验收主要包括道路工程的类型、坐标、走向、标高、路面宽度、横断面及附属设施等。

表 8-1　区域规划验收信息表

<table>
<tr><td colspan="2">建设单位</td><td colspan="3"></td><td colspan="3">地址</td><td colspan="2"></td><td colspan="4">邮编</td><td></td></tr>
<tr><td colspan="2">法定代表人</td><td colspan="3"></td><td colspan="3">联系人</td><td colspan="2"></td><td colspan="4">联系电话</td><td></td></tr>
<tr><td colspan="2" rowspan="2">项目名称</td><td colspan="3" rowspan="2"></td><td colspan="3" rowspan="2">建设地点</td><td colspan="2" rowspan="2"></td><td colspan="4">开工日期</td><td></td></tr>
<tr><td colspan="4">竣工日期</td><td></td></tr>
<tr><td colspan="2">设计单位</td><td colspan="3"></td><td colspan="3">法定代表人</td><td colspan="2"></td><td colspan="4">联系电话</td><td></td></tr>
<tr><td colspan="2">施工单位</td><td colspan="3"></td><td colspan="3">法定代表人</td><td colspan="2"></td><td colspan="4">联系电话</td><td></td></tr>
<tr><td colspan="2">监理单位</td><td colspan="3"></td><td colspan="3">法定代表人</td><td colspan="2"></td><td colspan="4">联系电话</td><td></td></tr>
<tr><td colspan="2">建设项目选址
意见书</td><td colspan="3"></td><td colspan="3">建设用地规划
许可证</td><td colspan="2"></td><td colspan="4">建设工程规划
许可证</td><td></td></tr>
<tr><td>基本信息</td><td colspan="7">批准文件指标</td><td colspan="7">竣工执行情况</td></tr>
<tr><td rowspan="2">建筑名称</td><td rowspan="2">栋数</td><td colspan="2">层数</td><td rowspan="2">高度/m</td><td colspan="3">建筑面积/m²</td><td rowspan="2">栋数</td><td colspan="2">层数</td><td rowspan="2">高度/m</td><td colspan="3">建筑面积/m²</td></tr>
<tr><td>地上</td><td>地下</td><td>总计</td><td>地上</td><td>地下</td><td>地上</td><td>地下</td><td>总计</td><td>地上</td><td>地下</td></tr>
<tr><td></td><td></td><td></td><td></td><td></td><td></td><td></td><td></td><td></td><td></td><td></td><td></td><td></td><td></td><td></td></tr>
<tr><td></td><td></td><td></td><td></td><td></td><td></td><td></td><td></td><td></td><td></td><td></td><td></td><td></td><td></td><td></td></tr>
<tr><td></td><td></td><td></td><td></td><td></td><td></td><td></td><td></td><td></td><td></td><td></td><td></td><td></td><td></td><td></td></tr>
<tr><td></td><td></td><td></td><td></td><td></td><td></td><td></td><td></td><td></td><td></td><td></td><td></td><td></td><td></td><td></td></tr>
<tr><td colspan="4">分类</td><td colspan="6">批准文件指标</td><td colspan="5">竣工执行情况</td></tr>
<tr><td rowspan="9">用地
指标</td><td colspan="3">建筑总用地</td><td colspan="6">m²</td><td colspan="5">m²</td></tr>
<tr><td colspan="3" rowspan="2">用地</td><td colspan="6">m²</td><td colspan="5">m²</td></tr>
<tr><td colspan="6">占建设总用地　　%</td><td colspan="5">占建设总用地　　%</td></tr>
<tr><td colspan="3" rowspan="2">公共建筑用地</td><td colspan="6">m²</td><td colspan="5">m²</td></tr>
<tr><td colspan="6">占建设总用地　　%</td><td colspan="5">占建设总用地　　%</td></tr>
<tr><td colspan="3" rowspan="2">道路用地</td><td colspan="6">m²</td><td colspan="5">m²</td></tr>
<tr><td colspan="6">占建设总用地　　%</td><td colspan="5">占建设总用地　　%</td></tr>
<tr><td colspan="3" rowspan="2">公共绿地用地</td><td colspan="6">m²</td><td colspan="5">m²</td></tr>
<tr><td colspan="6">占建设总用地　　%</td><td colspan="5">占建设总用地　　%</td></tr>
<tr><td rowspan="5">功能
分区</td><td colspan="3">建设基地面积</td><td colspan="6">m²</td><td colspan="5">m²</td></tr>
<tr><td colspan="3">建筑密度</td><td colspan="6">%</td><td colspan="5">%</td></tr>
<tr><td colspan="3">建筑容积率</td><td colspan="6"></td><td colspan="5"></td></tr>
<tr><td colspan="3">日照距离</td><td colspan="6">m</td><td colspan="5">m</td></tr>
<tr><td colspan="3">绿地面积</td><td colspan="6">m²</td><td colspan="5">m²</td></tr>
</table>

续表

分类		批准文件指标	竣工执行情况
功能分区	绿地率	集中绿地率　%	集中绿地率　%
	人防工程面积	m^2	m^2
	机动车泊位	地上　　地下	地上　　地下
	非机动车泊位	地上　　地下	地上　　地下
建筑风貌	建筑风格		
	建筑造型		
	立面装饰		
景观工程	绿化工程		
	水体工程		
	小品工程		
	照明工程		
交通路网	交通工程	架空长度　m，规格　m，标高　m	架空长度　m，规格　m，标高　m
		地下长度　m，口径　m，埋深　m	地下长度　m，口径　m，埋深　m

8.2.2　验收资料与验收程序

1. 验收资料

区域规划验收资料可参照表 8-2 执行，并应符合所在省市城乡规划行政主管部门的相关规定。

表 8-2　区域规划验收资料

序号	内容	有	无
1	申请函、介绍信、法人委托书等资料		
2	土地使用权证、建设用地规划许可证、建设工程规划许可证和建设工程施工许可证		
3	定验线报告单、原核定效果图、建设工程整套竣工图纸		
4	经测绘产品质量监督检验站验收合格的管线竣工图		
5	经审核批准的停车方案、消防验收意见		
6	具有相关资质的单位编制的园区规划实测面积报告及实测图		

如有违法建设并经处罚的区域规划验收，还应提供《违法建设行政处罚决定书》、所缴纳罚款及各种补缴收费的财务票据。

2. 验收程序

区域规划验收应在组织工程竣工验收前，由建设单位向城市规划部门提出申请。项目分期进行建设的，其配套工程应按规划同步完成；未完成的，同期的其他工程不予规划验收。

区域规划验收应按 8.1.2 节项目验收的工作流程执行。区域规划验收合格的工程项目核发工程竣工规划验收合格证；规划验收不合格的，不予签证。存在违法建设行为的，应依据有关法律法规对建设单位进行行政处罚，整改合格后核发规划验收合格证。

8.3 建(构)筑物验收

8.3.1 验收内容

建(构)筑物验收主要包括地基基础工程验收、主体工程验收和屋面工程验收。

1. 地基基础工程验收

地基基础工程验收应满足下列规定。

(1) 地基基础工程应在主体工程施工前进行验收，竣工验收时应提供相应的验收资料。

(2) 原有地基基础的加宽、顶升以及不均匀沉降的调整等应满足设计要求，并应符合现行行业标准《既有建筑地基基础加固技术规范》(JGJ 123—2012)的规定。

2. 主体工程验收

对于常规内容的验收，按照现行国家标准《建筑工程施工质量验收统一标准》(GB 50300—2013)中的相关规定执行。主体工程验收根据建筑结构类型划分为混凝土结构工程验收、钢结构工程验收、砌体结构工程验收和木结构工程验收。

1) 现浇钢筋混凝土结构分部工程验收应满足下列规定

(1) 钢筋及混凝土材料的选用应符合现行国家标准《混凝土结构设计规范(2015 年版)》(GB 50010—2010)的规定，并满足设计要求。

(2) 钢筋的加工、连接、安装以及混凝土拌合物、混凝土施工及现场抽样检查应符合现行国家标准《混凝土结构工程施工质量验收规范》(GB 50204—2015)的规定。

(3) 现浇结构的外观质量、位置和尺寸偏差以及现场质量验收应符合现行国家标准《混凝土结构工程施工质量验收规范》(GB 50204—2015)的规定。

(4) 预应力筋的制作与安装、张拉与放张、灌浆与封锚以及现场抽样检查应符合现行国家标准《混凝土结构工程施工质量验收规范》(GB 50204—2015)的规定。

(5) 预应力构件的使用和安装应满足设计要求。

2) 装配式混凝土结构分部工程验收应满足下列规定

(1) 装配式混凝土结构和构件应符合现行国家标准《装配式混凝土建筑技术标准》(GB/T 51231—2016)的规定，并满足设计要求。

(2) 装配式混凝土结构预制构件的制作、安装与连接以及现场抽检应满足现行国家标准《混凝土结构工程施工质量验收规范》(GB 50204—2015)的要求。

3) 钢结构分部工程验收应满足下列规定

(1) 钢材应符合现行国家标准《钢结构设计标准》(GB 50017—2017)中有关材料选用的规定，并满足设计要求。

(2) 螺栓、焊接材料、铆钉应符合现行国家标准《钢结构设计标准》(GB 50017—2017)中有关连接材料型号及标准的规定，并满足设计要求。

(3) 原材料和成品的进场、钢结构的焊接、紧固件的连接、钢构件的预拼装、钢构件的组装和安装以及钢结构的涂装应满足现行国家标准《钢结构工程施工质量验收规范》(GB 50205—2020)的要求。

4) 砌体结构分部工程验收应满足下列规定

(1) 砌体材料、砂浆和钢筋应符合现行国家标准《砌体结构设计规范》(GB 50003—2011)的规定，并满足设计要求。

(2) 砌体结构工程施工质量应满足现行国家标准《砌体结构工程施工质量验收规范》(GB 50203—2011)的规定。

5) 木结构分部工程验收应满足下列规定

木材的选用、加工工艺以及施工质量应满足设计要求，并应符合现行国家标准《木结构设计标准》(GB 50005—2017)的规定。

此外，对于土木工程再生利用项目特有内容的验收，应按下列规定执行。

1) 隐蔽工程验收应满足下列规定

(1) 浇注混凝土之前，应进行钢筋隐蔽工程验收。验收的内容应符合现行国家标准《混凝土结构工程施工质量验收规范》(GB 50204—2015)的规定，并满足设计要求。

(2) 后置预埋件在覆盖前，应进行隐蔽工程验收。验收的内容应满足设计要求。验收项应包括预埋件的规格、数量和位置。

2) 新旧结构连接节点验收应满足下列规定

(1) 新旧结构连接节点处的材料等级应不低于主体结构的材料等级，且宜高于主体结构一个等级。

(2) 新旧结构连接节点处的高强螺栓连接应符合现行行业标准《钢结构高强度螺栓连接技术规程》(JGJ 82—2011)的规定，并提供节点螺栓连接的施工记录。

(3) 新旧结构连接节点处的焊接连接应符合现行国家标准《钢结构焊接规范》(GB 50661—2011)的规定，并提供节点焊接的施工记录。

3. 屋面工程验收

屋面工程验收应满足下列规定：对原有屋面的改建和扩建应满足设计要求，并应符合现行国家标准《屋面工程质量验收规范》(GB 50207—2012)的规定。

8.3.2　验收资料与验收程序

1. 验收资料

建(构)筑物验收资料可参照表 8-3 执行，并应符合所在省市相关主管部门的规定。

表 8-3　建(构)筑物验收资料

序号	验收资料	有	无
1	原材料、成品质量合格证明文件及中文标志		
2	原材料、成品性能检验报告		
3	保留的旧工业建筑检测鉴定报告		
4	施工单位工程竣工报告		
5	监理单位工程竣工质量评价报告		
6	混凝土结构工程竣工图纸及相关设计文件		
7	钢结构工程竣工图纸及相关设计文件		
8	砌体结构工程竣工图纸及相关设计文件		
9	木结构工程竣工图纸及相关设计文件		
10	混凝土结构的加固设计相关文件		
11	砌体结构的加固设计相关文件		
12	钢结构的加固设计相关文件		
13	木结构的加固设计相关文件		
14	地基基础的加固设计相关文件		
15	单位工程质量验收记录		
16	分部工程质量验收记录		
17	分项工程质量验收记录		
18	检验批质量验收记录		
19	施工现场质量管理检查记录		
20	涉及观感质量检验项目的检查记录		
21	涉及安全及功能检验和见证检测项目的检查记录		
22	隐蔽工程检验项目的检查验收记录		
23	强制性条文检验项目的检查记录		
24	重大质量、技术问题的实施方案及验收记录		
25	不合格项的处理记录及验收记录		
26	竣工验收存在问题的整改通知书		
27	竣工验收存在问题的整改验收意见书		
28	工程具备竣工验收条件的通知书		
29	重新组织竣工验收的通知书		

由表 8-3 可知，对于再次进行竣工验收的项目，还应提供整改通知书、整改验收意见书及同意重新组织竣工验收的通知书。

2. 验收程序

土木工程再生利用建(构)筑物验收时，应按现行国家标准《建筑工程施工质量验收统一标准》(GB 50300—2013)的有关规定进行单位工程、分部工程、分项工程和检验批的划分，并应按 8.1 节执行验收程序。

8.4　设备设施验收

8.4.1　验收内容

设备设施验收主要包括设备验收和设施验收。

1. 设备验收

设备验收主要包括既有设备验收和新增设备验收。设备验收时应查验实测文本、实测图本及检测评定报告，并符合下列规定。

(1) 对于保留并继续运行的既有设备，验收使用性能和维护情况。

(2) 对于具有文化及收藏价值的既有设备，验收外观和养护情况。

(3) 对于新增设备，验收产品说明书、试验记录、合格证件及安装图纸等技术文件。

设备大修、改造、移动、报废、更新及拆除应符合有关法律法规、标准规范的规定，并符合下列规定。

(1) 拆除的既有设备应按规定处置，涉及危险物品的，须制定危险物品处置方案和应急措施。

(2) 特种设备安装和使用时，应向安全监察部门办理相应手续。

2. 设施验收

设施验收主要包括消防设施验收、给排水设施验收、采暖通风设施验收和电气设施验收。当设施进行节能验收时，应符合现行国家标准《建筑节能工程施工质量验收标准》(GB 50411—2019)的规定。

1) 消防设施验收

消防设施验收内容主要包括建筑设备监控系统、火灾自动报警系统、安全技术防范系统、应急响应系统等的验收。消防设施验收应符合下列规定。

(1) 应由建设单位项目负责人组织施工单位项目负责人、监理工程师和设计单位项目负责人等进行验收。

(2) 技术资料完整。

(3) 所用材料或产品的见证取样检验结果满足设计要求。

(4) 隐蔽工程施工过程中及完工后的抽样检验结果应符合设计要求。

(5) 现场进行阻燃处理、喷涂、安装作业的抽样检验结果应符合设计要求。

2) 给水排水设施验收

给水排水设施验收内容主要包括室内给水系统、室内排水系统、室内热水系统、卫生器具、室内供暖系统、室内供热管网、室外二次供热管网、建筑饮用水供应系统、建筑中水系统及雨水利用系统、热源及辅助设备等的验收。给水排水设施验收应符合下列规定。

(1) 隐蔽工程在隐蔽前应由施工单位通知监理等单位进行验收，并形成验收文件。

(2) 应在施工单位自检的基础上，按检验批、分项工程、分部工程、单位工程的顺序进行验收。

(3) 涉及结构安全和使用功能的试块、试件和现场检测项目，应按规定进行平行检测或见证取样检测。

(4) 外观验收应由验收人员通过现场检查确认。

(5) 既有管网修复且给排水管道安装完后，应进行管道功能性试验。压力管道应进行水压试验，无压力管道应进行气密性试验。

(6) 新旧管道连接采用两种(或两种以上)管材时，宜按照不同管材分别进行试验，不具备分别试验条件的必须进行组合试验。

3) 采暖通风设施验收

采暖通风设施验收内容主要包括送风系统、排风系统、防排烟系统、防尘系统、舒适性空调系统、恒温恒湿空调系统、地下人防通风系统等的验收。采暖通风设施验收应符合下列规定。

(1) 采暖通风设施验收应由建设单位组织，施工、设计、监理等单位参加，验收合格后应办理项目验收手续。

(2) 验收前，完成系统非设计满负荷条件下的联合试运转及调试，应由施工单位负责，监理单位监督，设计单位与建设单位参与和配合。可委托具有调试能力的其他单位进行调试。

(3) 验收时，各设备及系统应完成调试，并可正常运行。

(4) 验收时，因季节原因无法进行带热或带冷负荷的试运转与调试时，可仅进行不带热或冷负荷的试运转与调试并办理验收手续，此类试运转与调试应待条件成熟后再施行验收。

4) 电气设施验收

电气设施验收内容主要包括室外电气安装工程、变配电室安装工程、供电干线安装工程、电气动力安装工程、电气照明安装工程、自备电源安装工程、防雷及接地装置安装工程等的验收。电气设施验收应符合下列规定。

(1) 电缆及附件的额定电压、规格型号应符合设计要求。

(2) 隐蔽工程应进行中间验收，并应做好记录和签证。

(3) 电缆线路验收应按现行国家标准《电气装置安装工程 电气设备交接试验标准》(GB 50150—2016)的有关规定进行试验。

(4) 电气设备上的计量仪表、与电气保护有关的仪表应检定合格，且当其投入运行时，应在有效期内。

(5) 建筑电气动力工程空载试运行和建筑电气照明工程负荷试运行前，应根据电气设备及相关建筑设备的种类、特性和技术参数等编制试运行方案或作业指导书，并应经施工单位审核同意、经监理单位确认后执行。

(6) 高压的电气设备、布线系统以及继电保护系统必须交接试验合格。

(7) 电气设备的外露可导电部分应单独与保护导体相连接，不得串联连接，连接导体的材质、截面积应符合设计要求。

此外，设备设施应进行节能验收，并符合现行国家标准《建筑节能工程施工质量验收标准》(GB 50411—2019)的规定。

8.4.2 验收资料与验收程序

1. 验收资料

设备设施验收资料可参照表 8-4 执行，并应符合所在省市相关主管部门的规定。其中第 1、2 项为所有设备设施均需提供的验收资料。

表 8-4 设备设施验收资料

序号	类型	内容	有	无
1	实测与性能评定	实测报告(属性信息、现状影像资料、设备设施位置图、三维轮廓图)		
2		性能评定资质证明文件、性能评定报告		
3	设备	设备采购合同		
4		设计单位的设备技术规格书、图纸和材料清单		
5		设备采买单位制定的监造大纲		
6	消防设施	防火设计审核文件、申请报告、设计图纸、设计变更通知单		
7		进场验收记录、施工记录、防火验收记录、工程质量事故处理报告		
8		防火材料见证取样报告、隐蔽工程及阻燃处理的抽样检验报告		
9	给水排水设施	工程设计文件、施工技术标准和设计变更通知单		
10		质量合格证明文件及安装使用说明书		
11		施工组织设计或施工方案、交接质量检验记录		
12		隐蔽工程验收记录		
13		工程设备、风管系统、管道系统的安装及检验记录		
14		管道系统的压力试验记录		
15		设备单机试运转记录		
16		系统非设计满负荷联合试运转与调试记录		
17		分部(子分部)工程质量验收记录		
18		观感质量综合检查记录		
19	采暖通风设施	图纸会审记录、设计变更通知书和竣工图		
20		出厂合格证明及进场检(试)验报告		
21		隐蔽工程验收记录		
22		工程设备、风管系统、管道系统的安装及检验记录		
23		管道系统的压力试验记录		
24		设备单机试运转记录		
25		系统非设计满负荷联合试运转与调试记录		

续表

序号	类型	内容	有	无
26	采暖通风设施	分部(子分部)工程质量验收记录		
27		观感质量综合检查记录		
28		安全和功能检验资料的核查记录		
29		净化空调的洁净度测试记录		
30		新技术应用论证资料		
31	电气设施	电缆线路路径的协议文件		
32		变更设计的证明文件和竣工图资料		
33		直埋电缆线路的敷设位置图及相关管线资料		
34		产品说明书、试验记录、合格证件及安装图纸等技术文件		
35		电缆线路的原始记录		
36		电缆线路的施工记录、隐蔽工程隐蔽前的检查记录或签证、电缆敷设记录、关键工艺工序记录、质量检验及验收记录		
37		试验记录		
38		在线监控系统的出厂试验报告、现场调试报告和现场验收报告		
39	节能设施	设计文件、图纸会审记录、设计变更和洽商		
40		主要材料、设备和构件的质量证明文件、进场检验记录、进场核查记录、进场复验报告、见证试验报告		
41		隐蔽工程验收记录和相关图像资料		
42		分项工程质量验收记录，必要时应核查检验批验收记录		
43		建筑围护结构节能构造现场的实体检验记录		
44		严寒、寒冷和夏热冬冷地区的外窗气密性现场检测报告		
45		风管及系统严密性检验记录		
46		现场组装的组合式空调机组的漏风量测试记录		
47		设备单机试运转及调试记录		
48		系统联合试运转及调试记录		
49		系统节能性能检验报告		
50		其他对工程质量有影响的重要技术资料		

2. 验收程序

设备设施验收应执行设备到货验收和报废管理制度，使用质量合格、设计符合要求的设备设施。设备设施验收程序应符合下列规定。

(1) 明确设备设施的验收标准。

(2) 分析设备设施整体的资源状态。

(3) 核查设备设施的配置计划。

(4) 核查设备设施的使用过程。

(5) 核查设备设施的验收报告。

(6) 跟踪分析并总结改进。

8.5　环境修复验收

8.5.1　验收内容

环境修复验收应包括土壤、水、空气、建筑构件、管道及设备表面残留物等修复工作的验收。环境修复验收内容宜参照表 8-5。环境修复验收应根据环境评价报告、修复方案、现场踏勘及土壤修复深度确定验收范围。

表 8-5　环境修复验收内容

<table>
<tr><td colspan="2">建设单位</td><td></td><td>主要负责人</td><td></td><td>联系方式</td><td></td></tr>
<tr><td colspan="2">咨询单位</td><td></td><td>主要负责人</td><td></td><td>联系方式</td><td></td></tr>
<tr><td colspan="2">修复单位</td><td></td><td>主要负责人</td><td></td><td>联系方式</td><td></td></tr>
<tr><td rowspan="4">文件审核</td><td>环境评价报告</td><td></td><td>环境修复方案</td><td></td><td>审批意见</td><td></td></tr>
<tr><td>修复记录文件</td><td></td><td>二次污染排放记录</td><td></td><td>修复工程竣工报告</td><td></td></tr>
<tr><td>环境监理记录</td><td></td><td>场地位置示意图</td><td></td><td>总平面布置图</td><td></td></tr>
<tr><td>修复范围图</td><td></td><td>修复工艺流程图</td><td></td><td>修复过程现场影像</td><td></td></tr>
<tr><td rowspan="3">环境评价报告</td><td>目标污染物</td><td></td><td></td><td></td><td></td><td></td></tr>
<tr><td>污染物浓度</td><td></td><td></td><td></td><td></td><td></td></tr>
<tr><td>污染范围(图)</td><td></td><td></td><td></td><td></td><td></td></tr>
<tr><td rowspan="4">环境修复方案</td><td>修复方法</td><td></td><td></td><td></td><td></td><td></td></tr>
<tr><td>修复范围(图)</td><td></td><td></td><td></td><td></td><td></td></tr>
<tr><td>修复深度(土壤、水)</td><td></td><td></td><td></td><td></td><td></td></tr>
<tr><td>修复目标值</td><td></td><td></td><td></td><td></td><td></td></tr>
<tr><td rowspan="6">验收采样与实验室分析</td><td>采样范围(图)</td><td></td><td></td><td></td><td></td><td></td></tr>
<tr><td>采样数量</td><td></td><td></td><td></td><td></td><td></td></tr>
<tr><td>采样方式</td><td></td><td></td><td></td><td></td><td></td></tr>
<tr><td>检测方法</td><td></td><td></td><td></td><td></td><td></td></tr>
<tr><td>检测仪器</td><td></td><td></td><td></td><td></td><td></td></tr>
<tr><td>检测结果</td><td></td><td></td><td></td><td></td><td></td></tr>
</table>

8.5.2　验收资料与验收程序

1. 验收资料

在环境修复验收工作开展前和验收过程中，应收集与场地环境污染和场地修复工程相关的资料，可参照表 8-6 执行，并应符合所在省市相关主管部门的规定。

表 8-6　环境修复验收资料

序号	类型	验收资料	有	无
1	验收前	场地环境评价报告		
2		环境修复方案		
3		环境修复方案审批意见		
4		修复过程记录文件		
5		二次污染排放监测记录		
6		修复工程竣工报告		
7		修复工程监理报告		
8		修复范围图		
9		污染修复工艺流程图		
10		相关合同协议		
11	验收中	场地的目标污染物、修复范围、修复目标		
12		环保措施的落实情况		
13		污染构件、污染土壤、原工业生产遗留物的数量和去向		
14		回填土的数量与修复值		

2. 验收程序

环境修复验收工作流程如图 8-2 所示。环境修复验收存在下列情形之一的，不得通过验收：①污染物排放不符合国家和地方相关标准的；②修复过程中造成重大环境污染且未完成治理，或造成重大生态破坏且未恢复的；③纳入排污许可管理的建设项目，无证排污或不按证排污的；④验收报告的基础资料数据明显不实，内容存在重大缺项、遗漏的。

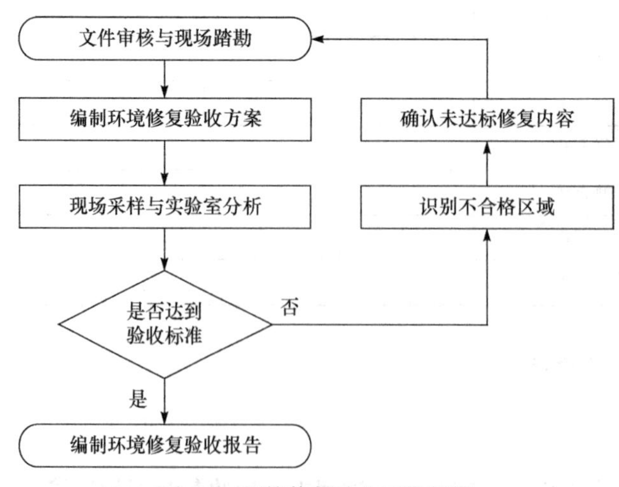

图 8-2　环境修复验收工作流程

思考题

8-1. 土木工程再生利用项目验收的基本内涵是什么?
8-2. 土木工程再生利用项目验收是如何进行分类的?
8-3. 区域规划验收的主要内容有哪些?
8-4. 装配式混凝土结构分部工程验收应符合哪些规定?
8-5. 钢结构分部工程验收应符合哪些规定?
8-6. 隐蔽工程验收应符合哪些规定?
8-7. 新旧结构连接节点验收应符合哪些规定?
8-8. 消防设施验收主要包括哪些内容? 应符合哪些规定?
8-9. 给水排水设施验收主要包括哪些内容? 应符合哪些规定?
8-10. 采暖通风设施验收主要包括哪些内容? 应符合哪些规定?
8-11. 设备设施验收程序应符合哪些规定?
8-12. 环境修复验收主要包括哪些内容? 其不得通过验收的情形有哪些?

参考答案

第9章 土木工程再生利用项目维护

9.1 项目维护基础

1. 基本内涵

项目维护是指对建筑及配套的设施设备和相关场地的环境卫生、安全保卫、公共绿化、道路交通等进行维修、养护、管理，以发挥出项目最大的社会效益、环境效益和经济效益。

土木工程再生利用项目维护是指利用健全的管理制度、先进的管理技术等，对投入使用的项目进行有效的管理，以保证功能的正常使用、保护文化特色、降低使用能耗、提供舒适健康的使用环境并实现项目长期健康的可持续发展。

2. 主要内容

土木工程再生利用项目维护的主要内容包括建(构)筑物、道路与交通、管网与设施、生态与环境的维护等。

1) 建(构)筑物维护

建(构)筑物维护对象包括各类建(构)筑物、附属设施及用房等。建(构)筑物维护包括注册登记、风险评估、维护保养等。通过日常巡检及监测、专业检测和维护保养对建筑主体、地基基础、装饰装修及防水进行维护，发现存在的问题并及时采取措施，保证再生利用项目的正常运行。

2) 道路与交通维护

道路与交通维护对象包括道路、安全设施及其他附属设施等。通过对道路、安全设施和附属设施的养护和定期巡查，发现并及时处理问题，消除交通安全事故隐患，保证再生利用项目的正常运行。

3) 管网与设施维护

管网与设施维护对象包括暖通空调、给水排水、供配电、消防、安防等系统以及电梯等设施的室内外管网及其附属设施等。管网与设施管理不善会对建筑的正常使用造成影响，甚至会导致安全事故的发生。为避免产生不利影响，应监控各项管网与设施系统，及时了解其运转状况，并对故障及时进行处理。

4) 生态与环境维护

生态与环境维护对象包括生态景观、环境保护、环境卫生等。通过对生态景观、环境保护、环境卫生等进行日常维护，使生态与环境具备日常使用功能和美学欣赏价值，并能保证生态系统可持续发展。

3. 工作流程

土木工程再生利用项目维护工作分为主动维护和被动维护。主动维护是指运维人员主动、定期地到管理区域进行全面化、科学化、智能化的检查、维护及保养工作；被动维护是指业主(客户)报修故障发生后的维护工作。土木工程再生利用项目维护的工作流程如图 9-1 所示。

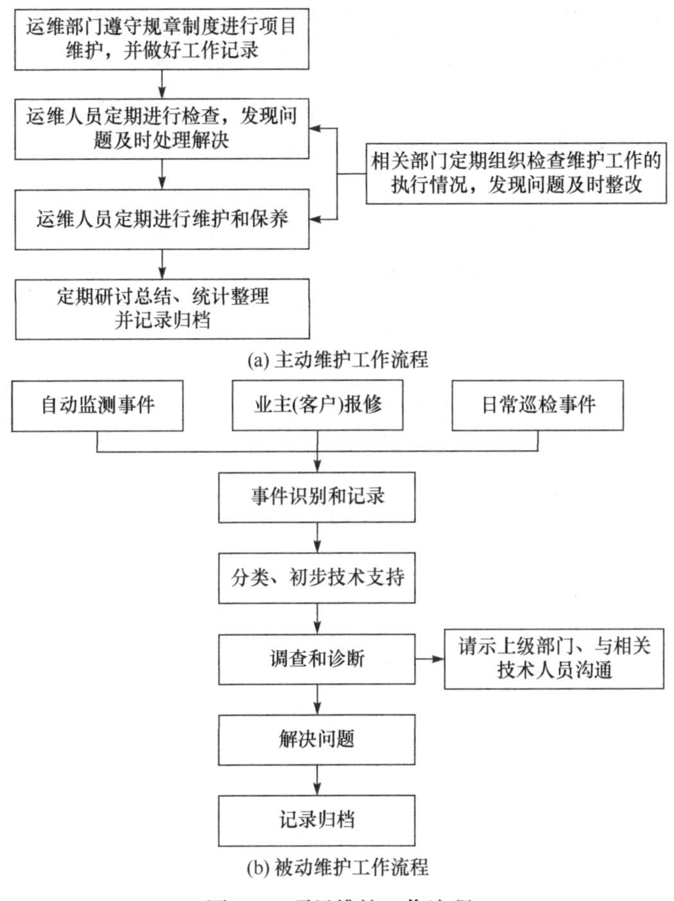

图 9-1　项目维护工作流程

9.2　建(构)筑物维护

9.2.1　注册登记

项目维护管理部门应对项目内的建(构)筑物、附属设施及用房进行注册登记，建立建(构)筑物台账，保存建(构)筑物技术资料。

1) 注册登记范围

注册登记范围主要包括原有建(构)筑物、加固与改建建(构)筑物和新建建(构)筑物。建(构)筑物台账应按其分类进行记录，每年进行检查核对，当建(构)筑物新增或拆除时，应及时更新建(构)筑物台账和技术资料，保证台账和实际相符。

2) 注册登记内容

注册登记内容主要包括名称、位置、编号、建筑面积、占地面积、层数、总高度(m)、使用用途、结构类型、建设年代、使用年限、基本现状等内容。

9.2.2　风险评估

对于土木工程再生利用项目，建(构)筑物使用功能发生了转变，无论是否对建筑结构进行改造，都应进行安全风险评估。根据相应使用功能的转变，一方面针对结构本身的安全进行检测与评估，另一方面对其影响到的区域进行安全检测与评估。例如，大型设备被移作景观时，应对地基基础的承载力进行检测鉴定，防止结构荷载过大而引起倒塌事故。

应定期开展建(构)筑物风险评估，风险评估可采用定性分析与结构性能检测评定结合的方式。建(构)筑物风险评估流程如图 9-2 所示。

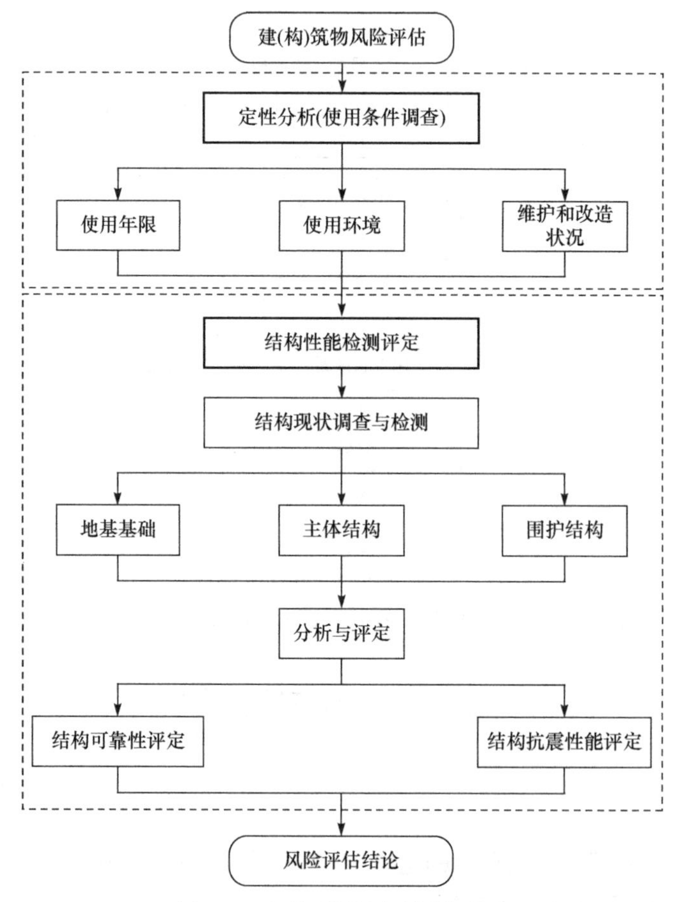

图 9-2　建(构)筑物风险评估流程

1) 定性分析

每年应组织开展建(构)筑物定性分析，确认建(构)筑物的安全状态。定性分析主要针对建(构)筑物使用条件进行调查，应依据建(构)筑物使用年限、基本现状、使用用途、使用环境、维护和改造状况、检查发现的问题和维护保养情况等确定。

2) 结构性能检测评定

结构性能检测评定对象应包括地基基础、主体结构和围护结构。结构性能检测评定应根据建(构)筑物类型、可靠性要求确定，并应符合国家现行有关标准的规定。应重点关注高风险及关键区域的建(构)筑物结构性能检测评定。

一般来说，应进行建(构)筑物结构性能检测评定的情况包括：①建(构)筑物大修前的全面检查；②加固与改建建(构)筑物的定期检查、检测；③重要建(构)筑物的定期检查、检测；④建(构)筑物改变用途或使用条件的检测评定；⑤建(构)筑物超过设计基准期而继续使用的检测评定；⑥为了制定建(构)筑物维修改造规划而进行的普查。

9.2.3　维护保养

维护保养应根据竣工验收资料、加固及改建部位的设计文件和安全风险评估结果进行。对建(构)筑物的日常保养、维修和管理，应注重清除原生产环境的影响，如强酸、强碱、高温等对建(构)筑物造成的污染。保留并加以改造后的结构应注重日常巡检及监测。

首先须制定建(构)筑物维护保养计划，具体内容主要包括单位、周期、责任、内容、要求等。每年应按建(构)筑物维护保养计划实施维护与保养，注重加强日常巡检及监测，发现问题及时上报处理，并定期安排专业的维护处理工作。

1. 地基基础

对建(构)筑物而言，地基基础的问题经常通过上部结构的某些变化反映出来，很难被直接发现。上部结构出现的裂缝、倾斜变形乃至倒塌，大多是由于地基、基础的病害而引起的。地基、基础的病害，一般情况是指它们产生过量的沉降和不均匀沉降或其他有害的变形，地基丧失稳定性，以及基础腐蚀、破损、断裂、塌陷和滑移等。正是由于这些病害，才引起上部结构产生裂缝、变形，严重时甚至发生倒塌。

地基基础处于地下隐蔽部位，为了不影响建(构)筑物的安全使用，必须进行日常的巡检，制定切实有效的防治措施。地基基础日常巡检的内容主要包括结构裂缝、地面裂缝、地面塌陷等，通过观察或常规设备检查发现地基基础的现状缺陷与潜在的安全风险。

2. 主体结构

土木工程再生利用项目在投入使用后，常常会保留大量原有建(构)筑物的主体结构，由于原有建(构)筑物已经建成多年，会存在很大的安全隐患，因此，在使用过程中，需要密切关注其主体结构的变化情况，进行日常巡检与实时监测，并形成相关报告，确保土木工程再生利用项目的安全运行。

主体结构日常巡检的对象一般包括建(构)筑物周边环境、建(构)筑物内部、楼地面、供配电室、监控中心等，巡检的内容包括结构裂缝、损伤、变形、渗漏等，通过观察或常规设备检查判识发现建(构)筑物结构的现状缺陷与潜在安全风险。主体结构日常巡检的主要内容及方法见表 9-1。

表 9-1　主体结构日常巡检的内容及方法

<table>
<tr><th colspan="2">项目</th><th>内容</th><th>方法</th></tr>
<tr><td rowspan="8">建(构)筑物主体结构</td><td>结构</td><td>是否有变形、沉降位移、缺损、裂缝、腐蚀、渗漏、露筋等</td><td rowspan="12">目测、尺测</td></tr>
<tr><td>变形缝</td><td>是否有变形、渗漏水，止水带是否损坏等</td></tr>
<tr><td>排水沟</td><td>沟槽内是否有淤泥</td></tr>
<tr><td>装饰层</td><td>表面是否完好，是否有缺损、变形、压条翘起、污垢等</td></tr>
<tr><td>楼梯、栏杆</td><td>是否有锈蚀、掉漆、弯曲、断裂、脱焊、松动等</td></tr>
<tr><td>管线引入(出)口</td><td>是否有变形、缺损、腐蚀、渗漏等</td></tr>
<tr><td rowspan="2">管线支撑结构</td><td>桥架是否有锈蚀、掉漆、弯曲、断裂、脱焊、破损等</td></tr>
<tr><td>支墩是否有变形、缺损、断裂、腐蚀等</td></tr>
<tr><td rowspan="4">地面设施</td><td>人员出入口</td><td rowspan="2">表观是否有变形、缺损、堵塞、污蚀、覆盖异物，防盗设施是否完好，井口设施是否影响交通</td></tr>
<tr><td>雨污水检查井口</td></tr>
<tr><td>逃生口、吊装口</td><td rowspan="2">表观是否有变形、缺损、堵塞、覆盖异物，通道是否通畅，有无异常进入特征，格栅等金属构配件是否安装牢固</td></tr>
<tr><td>进(排)风口</td></tr>
<tr><td rowspan="3">周边环境</td><td>施工作业情况</td><td>周边是否有邻近的深基坑、地铁等地下工程施工</td><td rowspan="3">目测、问询</td></tr>
<tr><td>交通情况</td><td>是否有非常规重载车辆持续经过</td></tr>
<tr><td>建(构)筑物及道路情况</td><td>周边建(构)筑物是否有大规模沉降变形，路面是否发现持续裂缝</td></tr>
<tr><td colspan="2">监控中心</td><td>主体结构是否有沉降变形、缺损、裂缝、渗漏、露筋等；门窗及装饰层是否有变形、污浊、损伤及松动等</td><td>目测</td></tr>
</table>

3. 围护结构

围护结构是保障建(构)筑物外墙对温度和防水等要求实现的基础。本节围护结构不仅包括建(构)筑物的外墙、屋面、门窗等，还包含地下防水系统、防护设施和其他设施。围护结构的日常巡检内容见表 9-2。

表 9-2　围护结构日常巡检的内容

项目	内容
外墙	开裂、变形及其连接，内外面装饰层的空鼓、开裂、脱落、破损情况
门窗	框、扇、玻璃和开启结构及其连接的变形、老化、断裂、牢固性和气密性情况
屋面系统	防水、排水及保温隔热构造层的裂缝、空鼓、龟裂、断离、破损、渗漏、排水不畅或积水和连接情况
地下防水系统	防水层、滤水层及保护层、抹面装饰层、伸缩缝、排水管等的完整、破损情况
防护设施	各种隔热、保温、防潮设施及保护栅栏、防护吊顶等的裂缝、破损情况
其他设施	走道、过桥、斜梯、爬梯、平台等的完整、平整、损伤情况

9.3　道路与交通维护

9.3.1　道路交通

道路交通维护对象应包括路基及其排水设施、路肩和边坡、路面、人行道。

1. 路基及其排水设施

1) 路基

路基维护的主要内容包括：维修、加固路肩和边坡；疏通、改善排水设施；维护、修理各种防护构造物；清除塌方、积雪，处理塌陷，检查险情，防治水毁；观察、预防、处理翻浆、滑坡、泥石流等病害；有计划、有针对性地对局部路基进行加宽、加高，改善急弯、陡坡和视距不良路段。

路基维护的主要要求包括：路基各部分保持完整，各部分尺寸满足规定的标准要求，不损坏、不变形，经常处于完好状态；路肩无车辙、坑洼、隆起、沉陷、缺口，横坡适度，边缘顺适，表面平整、坚实、整洁，与路面接茬平顺；边坡稳定、坚固、平顺，无冲沟、无松散，坡度符合规定；边沟、排水沟、截水沟、跌水井、泄水槽(路肩水簸箕)等排水设施无淤塞、无高草，纵坡符合要求，排水畅通，进出口维护完好，保证路基、路面及边沟内不积水；挡土墙、护坡及防雪、防沙等设施完好、无损坏，泄水孔无堵塞；做好翻浆、塌方、山体滑坡、泥石流等病害的预防、治理和抢修，尽力缩短阻车时间。

2) 排水设施

道路在使用过程中经常会由于路面存在积水而影响到道路的正常行车，除了要对路面进行排水设施的维护，还包括对两旁的排水沟进行维护。道路养护部门要定期进行排水设施的清理，例如，对道路两侧的排水沟进行定期的杂物清理，并保证排水设施的排水流畅，另外，在较高的河床路段，要进行定期的检查，避免在汛期由于河水的上涨而使水流流到道路上影响路面的行车安全。

2. 路肩和边坡

路肩维护工作的重点是减少或消除水对路肩的危害，可以采用防护网或者挡土墙对其进行加固，在边坡部位进行绿色植物的种植，这样可以避免在下雨时候由于雨水冲刷而造成路肩和边坡受损。

3. 路面

道路的路面排水应及时、迅速、无积水。此外，要加强巡逻，排除有损路面的石头、砖头等杂物，并严禁各种履带车直接在路上行驶。路面经常会出现裂缝、车辙、坑槽、沉降、错台等病害，这些病害会造成路面结构的损坏，影响到路面的行车安全。因此，路面在养护时，要及时检查并做好修补工作，防止病害进一步扩大。当发生病害时，常用的裂缝修补技术是灌缝方式，即采用加热的沥青，沿裂缝处进行浇注，这种方式具有操作简单、效果显著的特点，适合在裂缝病害初期进行养护。因此，路面维护工作中，要做好日常检查工作。

4. 人行道

人行道上常见的病害及维护措施见表 9-3。

表 9-3　人行道病害及维护措施

病害名称	维护措施
周围道砖的松动、沉陷及塌陷	①勤巡视，勤养护；②井室周围路基要碾压密实；③人行道砖下的混凝土可适当加厚；④人行道砖周围用水泥砂浆填充严实
道砖的裂缝、碎裂、错台、沉陷及塌陷	①勤巡视、勤养护；②重视对基层的处理，包括夯实土层、水泥砂浆的配比和拌合要符合要求；③道砖之间的缝隙要填充严实；④禁止车辆碾压
人行道路缘石、侧石、平石的断裂、错台、沉陷、蜂窝、露石、脱皮、裂缝、变位等	①侧石或平石需重新铺设时，回填土层与侧石背要夯实稳固，并用水泥砂浆铺底，与路面间的空隙用水泥砂浆填充密实，接缝要用配比度较高的细石水泥砂浆填充严实，勾抹平整；②对于小面积的表面风化、剥落、缺损、露石，先将表面凿毛洗净，用稀水泥浆刷抹，然后用水泥砂浆抹平，并注意保持与路缘石、侧石以及平石的整体一致性

9.3.2　安全设施

安全设施维护对象应包括交通标志、路面标线以及突起路标。安全设施维护应符合下列要求：①安全设施维护应包括检查、保养维护和更新改造。检查应包括经常性检查、定期检查、特殊检查和专项检查。平时应加强日常巡查。②经常性检查频率不应少于 1 次/月；定期检查频率不应少于 1 次/年；遭遇自然灾害、发生交通事故或出现其他异常情况时，应及时进行特殊检查；设施更新改造后，应进行全面检查。

1. 交通标志

交通标志主要由标志板、支柱、连接件、基础等部件组成。交通标志应包括主标志和辅助标志。它是引导行车、保障交通安全的重要设施，应加强对交通标志的养护管理，使交通标志符合其质量要求。

1) 交通标志养护内容

(1) 检查测试交通标志的有关质量要求。

(2) 清除交通标志及其周围的污秽、杂草、杂物或树木等遮挡物，或在规定范围内挪移标志。

(3) 修复变形、弯曲、倾斜的标志板和支柱，补涂剥落的防腐涂层，增补缺损的标志件，紧固松动的连接件。

(4) 交通标志设置或版面内容存在误差时，应进行必要的变更。

(5) 对交通标志破损的基础部分进行修补。

(6) 对事故多发路段及特殊路段的交通标志，应进行必要的增补、更换。

2) 交通标志养护要求

(1) 保持交通标志设计合理，版面内容应符合《道路交通标志和标线 第 2 部分：道路交通标志》(GB 5768.2—2009)的要求。

(2) 交通标志应确保准确、高效地辨认交通信息，确保道路交通安全。

(3) 反光交通标志应保持良好的夜间视认性。

2. 路面标线

路面标线是在道路的路面上用线条、箭头、文字等向交通参与者传递引导、限制、警告等交通信息的标识。其作用是管制和引导交通，可以与交通标志配合使用，也可单独使用。

1) 路面标线养护内容

(1) 检查测试路面标线的有关质量要求。

(2) 清洁路面标线表面。

(3) 路面标线的局部补画。

(4) 事故多发路段及特殊路段路面标线的变更、增补。

2) 路面标线养护要求

(1) 路面标线具有良好的可视性。

(2) 颜色、线形等应符合《道路交通标志和标线 第 3 部分：道路交通标线》(GB 5768.3—2009)的要求。

(3) 反光标线应保持良好的夜间视认性。

3. 突起路标

突起路标是安装于路面的一种块状凸起结构，一般与路面交通标线配合使用，设置在车行道的边缘线外侧或车行道分界线的虚线处。突起路标的平均寿命一般为 2 年左右，用于路侧边缘线。车辆较少碾压到的路标寿命会稍长，反光型突起路标的反光片更容易破损。

1) 突起路标养护内容

(1) 检查测试突起路标的有关质量要求。

(2) 补装、更换缺损的突起路标。

(3) 修复或更换太阳能突起路标。

(4) 清理突起路标上可能对人、车等造成伤害的残渣。

(5) 对事故多发路段及特殊路段增设或更换突起路标。

2) 突起路标养护要求

(1) 突起路标应无严重缺损。

(2) 破损突起路标严禁对车辆、人员等造成伤害。

(3) 突起路标应保持良好的夜间视认性。

9.3.3 附属设施

附属设施维护对象包括停车设施和道路照明设施等。

1) 停车设施

停车设施可分为停车安全设施与停车管理设施。停车安全设施应设置停车场出入口、路线走向、车位交通标志与标线等。停车管理设施应设置管制系统与收费管控设备。应定期对停车设施进行全面检查，检查各种机箱工作是否良好，发现问题应及时维修和更换，保证停车设施的正常使用和运行。

2) 道路照明设施

应对道路照明设施进行经常性检查，确保完好。照明时间应结合当地季节和天气、交通流量、照度水平等综合确定。应定期对灯具进行功能性检测和清洗，照明电杆、变压设备等各类照明设施应保持整洁干净，无乱贴乱画，符合环境卫生标准。

9.4 管网与设施维护

9.4.1 暖通空调系统

通常情况下，暖通空调系统可以分为三个部分：空调系统、通风系统、供暖系统，每个系统都具备一定的功能和内部架构。空调系统是用人为的方法处理室内空气的温度、湿度、洁净度和气流速度的系统，可使某些场所获得具有一定温度、湿度和空气质量的空气，以满足使用者及生产过程的要求，改善劳动卫生和室内气候条件。通风系统是借助换气稀释或通风排除等手段，控制空气污染物的传播与危害，实现保障室内外空气环境质量的一种建筑环境控制系统。通风系统包括进风口、排风口、送风管道、风机、降温及采暖系统、过滤器、控制系统以及其他附属设备在内的一整套装置。暖通空调系统中的这三个部分支持整个系统的正常运行，缺一不可。

1. 常见故障

暖通空调系统具有一定的繁冗性和复杂性，在运行过程中，各个部位都可能会出现故障问题，这就需要对电气故障、机械故障等因素进行集中分析，针对具体情况展开系统化维护。常见故障有：①电气故障问题，主要是指暖通空调内部电动机出现运行异常，损坏问题逐渐积累。②机械故障问题，暖通空调系统中的任何机械元件异常都会造成系统工作受阻，例如，冷水泵故障就会造成蒸发水量明显减少，甚至会导致压缩机的压缩比逐渐增大，功率消耗水平增高。③传感器故障问题，由于暖通空调系统中的传感器数量较多，信息检测不足也会导致一些故障问题不能及时处理。④冷冻水系统阀门问题，工程竣工验收且调试运行后，没有定期检查冷冻水系统阀门的开关状态，有些平衡阀的开启度没有经过水力平衡测试，导致有些末端制冷不足。⑤风系统问题，末端设备，如吊式空调箱本身自带过滤网，设备安装完成后，受到装修粉尘的污染，未及时清理设备自带过滤网，导致空调箱里的表冷盘管风量不足，制冷效果不好。

2. 检测手段

在维护过程中需要管理人员寻找设备内部的故障规律，争取从源头上处理暖通空调系统的故障问题。常见故障的检测技能有传感器检测技能、神经网络故障判断和故障树检测技能。

1) 传感器检测技能

根据空调通风系统运行过程中参数的变化来分析系统故障的位置。这种方法在很大程度上促使系统故障诊断自动化的实现，并且对故障诊断效率以及精准度的提升也有着积极的促进作用。在传感器检测方法的应用下，空调通风系统的故障能够在短时间内被检查出来，通过进行专业的维修，最终使其恢复正常运转。

2) 神经网络故障判断和故障树检测技能

暖通空调系统内部的系统结构众多，分工较为明确，如果其中一个系统出现问题，则会影响整个暖通空调系统的日常运行效果。针对这种情况，维护管理人员就借助神经网络故障判断和故障树检测技能，通过神经元的设置联系，将空调通风系统隔离至一个网络系统中，而这个系统则会承担起数据传输以及神经网络功能完善的作用，在进行空调通风系统故障检测的时候，其中存在的故障都会在这个神经网络系统中显示出来，并且还能够结合实际情况判断出引发故障的原因。故障树检测法则主要是以故障结果作为分析依据来进行故障诊断和监测的一种方法，其能够对各种故障进行合理的分类，以此来对空调通风系统进行有效的诊断和监测，并且将故障根源分析推断出来。

3. 维护保养

应对暖通空调系统的维护保养建立巡查管理制度，定时巡视检查，消除设备隐患。

(1) 暖通空调系统运行维护管理的重点有：对阀门调节开度进行标记；井盖、架空管道的绝热层、保护层是否完好；围护结构的保温门窗是否关闭；电机、水泵运行是否正常；各种仪表是否完好；室内供热温度是否正常。

(2) 暖通空调系统的清洗保养对象包括空气过滤器、表面冷却器、加热器、加湿器、冷凝水盘等部位，保证其进风过滤网的整洁程度。定期对盘管翅上的结灰予以处理，检查凝露水排水管的畅通性，对堵塞物进行集中管控。

(3) 定期对电器运行情况进行分析，避免机械故障造成电器运行结构受限，检查制冷系统的运行，检查压缩机的吸气温度和排气温度，并加装压力表，测试高压与低压状态的差距，观察制冷剂的流动状态，判断制冷剂的实际用量。

(4) 空调通风系统的清洗保养包括对新风机组、风机盘管和进出风口扇片等部件的清洗和保养。

9.4.2　给水与排水系统

给水与排水系统是为满足生活、生产用的冷、热水供应和污水排放的工程设施。旧建筑转变使用功能后，给水与排水系统的使用环境发生变化，从生产用水、污水排放等功能转变为内部生活用水、排水等功能，应注重对再生利用后建筑的给水与排水系统进行维护管理。

1. 常见问题

给水与排水系统的常见问题有二次供水水质难以保证、给排水管道压力小、噪声大。排水的常见问题是排水管网垃圾积淤，阻塞管道；地下排水管道上部的荷载过大或地基沉降变形导致管网损坏、开裂等；污水外流，污染管道，使管道生锈、腐蚀等。

2. 处理措施

(1) 加强给水与排水系统的管理与维护，定期及时消毒，一旦发现水体污染现象，应及时处理。

(2) 监督给水与排水系统的维护性改造并验收，严格执行给水与排水系统的使用规范，不得违规滥用。

(3) 依照规定对排水管网进行例行检查，发现污物堵塞应及时清理，保持排水通畅。

(4) 及时修补出现损坏、腐蚀、脱落的部位，处理意外事故。

(5) 定期检查给水排水管道的井、雨水口顶盖，管道入户、出户管等处的阀门，出现问题应及时更换。

(6) 注意对长期使用的旧管道进行刮管除锈，去除铁锈及管道内残存的污物。

9.4.3 供配电系统

建筑供配电系统是解决建筑物所需电能的供应和分配的系统，是电力系统的组成部分。一般建筑的供配电系统的服务年限短于建筑物的使用年限，应及时检查并更换各项设施，做好维护管理工作，确保供配电系统能够正常运行。

1. 一般要求

在供配电设施的使用过程中，很多设备及零件会出现老化的现象。为了更好地解决设备线路出现的老化问题，不仅要做好线路的日常维护工作，还应做好日常检修，检测供配电系统机组设备的工作情况，及时发现存在的问题并上报。对于线路老化问题，维护人员应掌握鉴定站内供配电系统的科学连接手段，积极解决用电安全及供电损耗的相关问题。此外，还应定期对线路做绝缘和耐压测试，出现问题应及时更换电缆，选择高质量的电路组接设备，提高设备线路的使用性能。

2. 巡检项目

(1) 检查接头接触是否良好、主线外观是否完整、温度指示装置是否灵敏。

(2) 检查开关电器。注意绝缘油的颜色以及绝缘油部位是否存在漏油风险。

(3) 检查绝缘设备的完整度、清洁度以及是否有放电现象。

(4) 一旦接地设备发生故障，会引起整个系统内部的温度过高，引起火灾。在巡检时，应注重检查接地装置是否有松动、断线现象。

(5) 检查配电装置的运行与相关标准是否符合，是否设置了安全警示牌。

(6) 检查配电装置是否与周围装置、环境发生了作用。

(7) 若存在架空线路，要对架空线路进行定期巡检。

一旦发现异常情况，需要及时记录、反映，以使其尽快得到处理和解决。

9.4.4 消防系统

在现代社会，国家和人民群众对消防安全十分重视，但就土木工程再生利用项目实际情况而言，由于改扩建施工、产权变化等问题，消防设施使用和维护保养不到位，存在火灾隐患。因此对消防设施进行维护，充分发挥消防设施的作用，具有十分重要的意义。

消防设施主要由自动报警系统、消防控制系统、供水装置等组成。自动报警系统主要是指火灾报警系统，在某项指标超标后，该系统可以快速做出回应，常见的指标有光、温度和烟雾浓度。消防控制系统是日常消防设施的核心，其由室内消防设备、火灾报警设备、排烟装置、灭火设施等组成。

1. 自动报警装置的维护

在各类消防设施之中，自动报警装置起到的作用尤为重要，其能够在火灾发生的第一时间内将消息告知使用人员和消防人员，是预防和控制火情的重要途径。在使用和维护过程中，应做好以下几方面的工作：①检查和维护装置的各项功能，促使其能够发挥出应有的作用；②检查电源连通性，保证装置始终与电源相连接；③检查探测器的工作范围，找出探测死角和误测地区，并通过更换或增加探测器的方式予以解决；④检查广播功能，确保其功能的有效性；⑤制定人员倒班制度，实现全天候值班，以及时响应报警装置；⑥对系统资料进行检查，保证各项资料的完整性，为后续查询和利用资料创造有利条件，如竣工图、装置功能说明书、设备的各项参数等；⑦确定维护的时间，工作人员应定期对装置进行清洗，如果设备使用年限过长，需及时予以替换。

2. 供水装置和水源的维护

定期检查消防水箱和消防水池等供水装置，其周期不得超过 1 年，在检查中如果发现问题，应进行修复，还应检查装置的储水量，保证其在火灾发生时能满足灭火需求。

3. 室内消防设备的维护

常用的室内消防设备有消防卷盖、消防水带和消防栓。这些设备在长时间的放置过程中容易受到外界因素的影响，生锈、腐蚀等问题一旦出现，就会导致消防设备泄漏或无法通电，致使消防设备的作用难以有效发挥。工作人员应通过试验的方式，检查室内消防设备的质量，如检查消防水泵的供水能力是否与要求相符、供水箱是否漏水。

4. 灭火器的维护

灭火器是控制火灾的重要装置，在日常检查和维护过程中，应保证其功能的完整性，同时其所处的位置应便于人们提取，不得将其放置在角落。角落位置较为阴暗，长期放置容易导致设备受潮，其性能会受到影响。此外，不得封闭灭火器箱，应贴上标牌，以便使用。

5. 健全维护机制

消防设施维护保养通常由建筑产权单位或委托建筑物业管理单位依法自行管理，或委托具有资质的消防维护保养单位进行管理。建筑运营单位应该与专业的消防维护保养单位签订合同，并在其中明确消防设施维护保养的相关责任和职责范围，同时要不断地完善消防设施维护机制，不仅要对日常消防设施的检修、巡视进行严格的规定，还要定期对消防设施设备进行检验、保养，对于存在故障的消防设备，要及时进行维修和更换，从而确保建筑消防设施处于正常状态。

进行消防设施档案管理是工作人员正确使用和维护消防设施的有效途径，物业应指派专业的人员，对档案资料进行分类管理，这样在消防设施发生故障后，检修人员可以利用档案资料解决故障。

9.4.5 电梯设施

电梯作为现代建筑物的重要设施，对建筑物的使用功能起着重要的作用，而有效的电梯维护保养管理是确保电梯有效运行的基础。电梯的维护保养管理是电梯运行管理的重要任务。通过规范电梯的维护保养工作，使电梯各项性能指标达到标准；通过日常的维护保养，消除电梯的故障与隐患，达到使电梯有效运行、减少运行费用的目的。为保障电梯维护保养工作的有效落实，确保电梯的运行安全，应做好以下几项重点工作并进行有效的落实。

(1) 应委托专业单位对电梯进行日常维护保养及年检，并应符合国家特种设备的安全要求。电梯作为特种设备，一旦发生问题将会带来严重的后果。因此，强调电梯必须由具有资质的专业电梯维护保养单位来进行维护保养。这是电梯管理单位的职责，是电梯管理单位必须履行的工作，也是电梯管理单位对电梯所有者与使用者负责的体现。为电梯选定好技术过硬的专业维护保养单位，可以从源头上保证电梯的维保(维护保养)质量。

(2) 健全电梯管理制度。电梯管理单位必须认真负责，在电梯管理上，建立电梯管理目标、设备运行性能、现场保养质量和计划执行情况考核机制，应有运行、检查、维护保养、修理、改造及故障处理结果的记录，记录周期宜为半个月。严格遵照与电梯维护保养单位签订的电梯维护保养要求及考核办法，避免电梯故障。

委派电梯管理责任人跟进电梯维护保养工作，明确电梯管理责任。通过明确电梯管理责任人，建立安全管理责任制，有效地监督电梯保养的落实。严格执行持证上岗制度，无操作证严禁上岗作业。要求电梯操作人员持证上岗，避免无证操作或违规操作的发生。落实使用保管三角钥匙制度，避免非专业人员因乱使用三角钥匙而发生因救人不当而造成的伤人事件。规范电梯机房封闭管理制度，进出电梯机房落实登记制度。

(3) 电梯管理单位与电梯维护保养单位签订规范的电梯维保合同。将电梯维护保养的各个关键环节、电梯维护保养的事项、相应的监督考核和扣罚指标列入维保合同，以明确职责。电梯管理单位履行好职责，严格按维保合同的指标与要求执行，有条件的管理单位应指派专人对现场维保进行监督，有效地监督电梯维护保养单位对电梯的维保。

(4) 按照技术要求，严格制定电梯的单次保养时间，确保电梯的维保质量。应按电梯使用规划和电梯维护保养作业指导书的要求作业。根据电梯保养事项、电梯保养频次、电梯“层/站/门”的数量，结合实际保养一层所需的时间(3～5min)，制定同类电梯单次保养时间标准，规定单台电梯单次保养时间不得低于标准时间，保障电梯的维护保养力度。

有针对性地编制月度、季度、半年和年度维护保养计划并组织有效实施。根据电梯各部件的重要性、材质及合理的磨损程度，结合使用的频次，及时更换损坏与磨损的零部件，通过维护保养使电梯处于良好的运行状态。

(5) 加强对电梯的日常养护管理，注重每天对电梯情况进行巡查。每天派人员对电梯运行情况进行巡查，检查电梯的安全性、舒适性，并做好相关记录，电梯发生异常情况应及时进行处理，迅速排除故障。特别是在雨季，应重点监控电梯底部是否有积水，若有积水应迅速处理，排查产生电梯底坑积水的原因，采取相应的措施进行改造，避免因积水所带来的电气设备受潮而产生故障。潮湿天气应关注电梯的电气设备是否受潮，及时采取措施，防止其受潮。

9.4.6　安防系统

1. 安防系统的组成及功能

安防系统主要由停车场管理、闭路电视监控、探测报警、人员打卡、出入控制等内容构成。安防系统的功能分为控制功能、报警功能，前者为核心，后者为辅助。

控制功能包括图像信用控制、门禁管理、指纹识别、信息登记等。车辆和人员进入小区时，控制系统进行识别，并对其安全性进行检查。身份合格者可以使用电梯、门禁装置，否则将可疑人员信息传递到保安室。保安人员对相关信息进行人工核查，并将核查结果反馈给控制中心，根据核查结果行使相应的权利。

报警功能包括图形鉴定、危机情况监控、范围检测、内部防范、自动化辅助和图像监控等。导航系统发现安全隐患后，报警系统启动，并通知指挥中心，各个显示板显示报警信息和位置。保安人员按照指定位置进行检测，或者利用密码读取数据库内部信息。报警信息核实以后，通过内部线路通知各单位人员，并对报警位置进行检测。报警系统主要通过声音、图像、灯光等信息识别危险，识别准确率较高。报警系统通过多屏显示，让各部门的值班人员了解到危险信息，并提供图形鉴定结果，保证报警的准确性。

2. 安防系统的维护

安防系统的维护就是针对已验收并投入使用的安全技术防范工程进行科学的、合理的、系统的、有针对性的检测、维护和保养，及时消除系统隐患，及时排除系统故障，保障系统长期稳定运行，力保系统在运维期内发挥应有的防范功能，为此而采取的一系列工作的总称。

1) 日常维护

在日常维护工作中，应重点做好设备的日常保养并使其规范化、制度化。如保持仪器设备良好的工作状态，做好清洁保养工作；建立完整的值班制度，要求值班人员认真填写系统设备运行、维护日记录；每季度至少应对所安装的设备检查检测一次；设备投入运行两年后，要进行必要的功能试验，合格者方可继续使用，不合格者严禁重新安装使用；对每个设备所供电源的插座要经常检查，防止插头脱落；保证对每个设备和监控中心的供电电压恒定；派专人专管监控中心的监控控制设备。

2) 设备工作环境的维护

设备工作环境包括环境的温度、湿度、振动、粉尘、空气的盐碱度、鼠害等。电子设备在实际使用中会受这些外部使用环境的影响，环境参数的变化严重影响着电子设备的使用年限。通常要求监控中心机房的环境温度保持在 15～35℃。电子设备环境的相对湿度不能超过 80%，否则会由于结露而使电子设备内的元器件受潮变质，容易使电子设备内的电路绝缘性能下降，导致电路工作不正常，甚至会发生短路而损坏机器。要经常对前端设备箱的密闭性是否完好进行检查。因此，在机房内一般应备有除尘设备。易受振动影响的设备应放置在不易长期受振动的位置，或采取一定的隔离保护措施。

3) 电源环境的维护

电源环境包括电网电压、频率、电网干扰和波动、线路的容量、自发电的质量等。电源环境的维护就是要经常性地对自发电设备、低压配电柜、电力变压器、电力线路等电力设施进行巡视，发现问题并及时处理。

4) 电子设备的维护

对电子设备的维护主要是依据各类不同设备的使用要求，有针对性地进行维护，如维护各类电子设备的机架与机壳、控制台、屏幕墙、计算机等主要设备的外表面。至于电子设备内部的清洁工作，由技术人员定期用吸尘器进行清洁。

在电子设备的附近应避免干扰。定期对摄像机防护罩、探测器、声音探测器等设备的外壳进行清洁，定期检查警号、联动灯是否工作正常。定期清理控制台或设备的排气风扇的空气过滤网，给风扇轴承上润滑油，保证其散热正常。定期对 UPS 电源系统进行充放电维护工作，即定期给 UPS 电池放电后再充电，保持其良好的性能。

5) 计算机的维护

计算机是安防系统中的核心设备，应定期对计算机系统进行备份，以便计算机系统出现故障时能够对其进行及时恢复，应定期对计算机硬盘进行扫描维护，避免因长时间运行造成系统性能下降。另外，应定期对计算机系统数据库进行维护，定期检查应用软件设置是否被更改，定期对计算机进行病毒扫描。

6) 防雷、接地以及传输线路的维护

对设备的雷电过电压防护及电磁干扰防护，是保护通信线路、设备及人身安全的重要技术手段，是确保通信线路、设备运行不可缺少的技术环节。每年雷雨季节前应对接地系统进行检查和维护。接地网的接地电阻宜每年进行一次测量。检查所有线路是否完好，挂钩有无脱落，钢绞线或线缆有无断线、固定是否牢固，有无鼠害、外界等因素的破坏情况，发现问题应及时处理。

9.5 生态与环境维护

9.5.1 生态景观

为了增加项目的整体效果以及使用舒适度，往往会布置很多的生态景观项目。因此，在土木工程再生利用项目的运行过程中，对生态景观的维护管理不容忽视。

生态景观维护管理是指通过有效措施来保护和维护生态景观成果，它包括管理和维护两方面。管理主要是根据法律、法规和管理办法来保护建筑物、设施、绿地；维护主要是对景观的建筑、小品、水体、置石、塑石、假山、铺地以及照明、给排水等设施进行维修和植物养护。

1. 绿化维护技术管理

一个高质量的绿化环境，需要不断地去维护、管理。“三分栽、七分养”更是说明了后期养护管理对绿化的重要性。但是如何管理好绿化，尤其是土木工程再生利用项目的绿化，维护并提升绿化水平，是绿化工作的重点。绿化维护管理的要点如下。

1) 水分管理

在建设中栽培的树木，需要提前了解清楚树木的抗旱性，再结合当地的气候以及土壤状况进行栽培，以保证树木的成活率。对于已经成活的植被，需要注意后期的维护，特别是定时进行浇水，水分浇灌不到位会导致树木干旱。在冬季，建议在中午对树木进行浇水；在春季、夏季，以及秋季，建议在早上或者晚上对树木进行浇水且一次性浇灌完全。在暴雨过后，首先要及时地排出树木周围的积水，否则将对树木的成长造成一定的影响，特别是新栽培的树木，需要特别注意。在浇水时，按照一定的顺序进行，防止遗漏。对浇水的量要严格把控，根据各种相关情况综合考虑浇水的时间。浇水后要进行除草等后期维护。

2) 养分管理

对植被进行施肥，最好的季节在深秋以及初冬，一年 2 次即可。施肥的种类要根据土壤的条件以及生长周期来确定。例如，为了使树冠的生长周期延长，就需要施氮肥等，最好使用有机肥或者复合肥，减少污染的同时还能更好地保证其功效。施肥的量要从土壤条件等多方面进行考虑。

3) 整体修剪

整体修剪的方法与时间如下：首先确定修剪的方式，以保证树木与树木之间的通风良好以及对于水与肥料的分配合理。再结合各树种的不同需求，对树冠进行整理，以保证树木稳定成长，在保证美观性的基础上也要注意其抗灾害的能力。通常树木的剪修工作在 11～12 月份进行，在此阶段对树木进行稍微的剪修，主要目的是使树木更具有美观性。而夏季的修剪通常在 5～6 月份进行，这个时间段属于树木的生长期，所以为了不破坏其生长进度，要轻轻修剪，进行微微调整即可。对于春夏两个季节开花的树木，要注意修剪的时间段，一般在花期之后。通常修剪在秋季开花的花木时要在休眠期，修剪怕冻的植物时要选择在春季。

4) 防治病虫害

一般选择在 3 月份以及 10 月份对树木进行预防性打针。喷药要选择天气状况较好的天气进行。喷药时要喷洒准确，提前了解农药的属性，对症下药，同时注意浓度的比例，不能随意用药，防止造成严重的后果，在喷洒过程中要喷洒均匀，确保每个植被都被喷洒上农药。

5) 绿化防护

园林植被难免会遭遇一些自然灾害，为了确保植被能健康成长、不受灾害的影响，还需做好绿化防护工作。在灾害来临之前，应该提前做好防护措施，如根浅的树木要及时立柱等。在春季补植过程中，需要对大乔木等相关树木及时进行扶正。待灾害天气过后，要对受到灾害的树木及时进行补救。像一些畏冻的树木，需要在冬季及时做好修剪以及培土等相关工作。需保证在 12 月份之前就对所有树木做好全部的防寒措施。待天气渐渐暖和后，对防护措施进行拆除以及处理。

2. 生态景观制度管理

1) 建立专业养护班组

专业养护班组的建立对景观维护工作的顺利开展至关重要。首先，应对维护人员进行思想文化培训，只有使其在思想上得到教育和开发，才会加深对生态景观维护工作的感情，进而产生浓厚的归属感和使命感，在日常维护中才会更加用心，保质保量地完成单位交给他们的任务。其次，应对维护人员进行专业技能的培训，由于维护人员的素质各不相同，所提供的服务效果也是参差不齐，因此，应聘请专业的技术人员，对他们进行专门的技术培训，在培训过程中，鼓励他们对于在实际维护中遇到的问题进行积极提问，进而解答自身的困惑。

2) 建立日常管理考核机制

建立日常管理考核机制，进而提高管理工作者的质量管理意识，并树立起“质量第一”的行为准则。除此之外，管理工作者应积极发挥自身的主动性，将节约意识贯穿在园林工作中，如在浇灌花草和树木时，可以采用滴灌的方式节约水资源。相关部门还应加大宣传推广力度，倡导工作人员参与生态景观的维护，并采用绩效考核的方式，对表现突出的工作人员给予一定的物质、精神奖励，使生态景观的建设更加规范化、常态化。

9.5.2 环境保护

环境保护指的是人类有意识地保护自然资源并使其得到合理的利用，防止自然资源受到污染和破坏。与新建项目比较，土木工程再生利用项目具有特殊性，尤其是旧工业建筑再生利用项目对环境保护的要求更为严格。要防止环境的污染和破坏，环境监测是环境保护中的一项重要基础工作，也是环境保护策略制定的主要依据。

1. 环境监测概念

环境监测对于环境保护有着十分重要的意义，它能够对环境的动态变化进行实时监控，掌握生态系统的变化，为环境管理提供一定的数据参考。从某种程度上来说，环境监测就是依托先进的监测技术，对大气环境、水环境、土壤环境等生态环境进行监测，通过对监测数据进行分析，了解环境的变化情况，判断其是否遭到破坏、生态系统是否稳定。

2. 环境监测流程

环境监测的具体流程为对现场环境的信息进行采集和整理；对整理后的数据进行综合分析，制定可行性监测计划；布控监测站点；对采集的样本进行化验分析；根据数据统计分析结果，对监测区域的环境情况进行综合评价等。

3. 环境监测技术

1) 现代生物技术

现代生物技术结合计算机、化学等学科，在环境监测方面形成了目前普遍应用的生物大分子标记物监测技术和 PCR 技术。其中，生物大分子标记物监测技术的环境预警性和监测实用性较高，该技术通过对生态问题进行数据分析，了解生态环境与生物之间的联系，从而为环境治理和修复提供生物理论基础；PCR 技术的监测速度和准确度较高，应用程序便捷，操作灵敏，省时省力。现代生物技术是我国应急监测仪器的重点应用技术，对环境监测和保护起着巨大作用。

2) PLC 技术

PLC 技术是信息技术发展的产物，是一种可编程逻辑控制器，此种监测技术采用自动化和计算机通信集成装置。PLC 技术应用装置在外形结构上具有耐热防潮、防震抗摔的性能，并采取隔离、屏蔽、滤波、接地等抗干扰措施，可在极端气候条件和环境中投入使用。此项技术一般应用于雨水监测，对酸雨等大气环境问题的监测和抗旱防洪事业等均有非常高的利用价值。

3) 3S 技术

环境监测中的 3S 技术指 GPS(全球定位系统)技术、GIS(地理信息系统)技术以及 RS(遥感)技术的结合应用，是一种独特的综合应用技术，主要应用于环境监测中的水资源调查和水质监测与评价。3S 技术可对水资源流域的水文模拟、水域分布变化、水体沼泽分布和水体质量等进行监测，利用 RS 技术和 GPS 技术能够实现我国湿地资源动态变化的监测，其多时相、多平台的特点可帮助监测部门及时获取湿地动态信息，同时综合 GIS 技术的空间分析能力对获取的数据信息进行实时更新，从而对湿地生态环境进行有效的监测和管理。

4) 物理化学技术

环境监测中的物理化学技术的开发原理是：运用物理学的理论方法去研究环境污染物质中相关物质化学变化的基本规律，即以物理学科的原理和试验操作为基础，研究物质的化学性质和反应变化，进一步得出相关物质化学运动和物理运动的相互关系，即通过对污染物质中的各元素进行物理化学处理，并为微妙的物质关系赋予联系，使有害物质得到有效监测和预估。

4. 环保措施

1) 着力形成环保共识

要深入开展环保管理工作重要性和必要性的宣传，提高员工的环保意识，并营造共同关心支持环保工作的良好局面。同时，不断加大环保管理工作的投入，建立环保部门统一监管、各级各部门分工负责的环境保护工作机制，以及环境综合整治定期协商、联合执法办案的长效管理机制，让环保工作在人力、物力和财力上有所保障。

2) 建立健全各项环保制度

要做好环保工作，首先要学习掌握好国家相关的法律、法规，再根据各个项目的实际情况将相适应的法律、法规转化为合适的规章制度，通过建立“制度管人、程序管事”的工作机制，来控制和提高环境保护科学技术水平，约束并改变不良行为习惯，自觉履行好环保义务，推进生态文明建设。

3) 强化环保日常督察

应对“三废”配备必要的设施、设备、人员和技术条件，对污染物内、外部排放点进行定期监测，定期对污水处理的相关设施、设备进行日常检查维护，重点对工业废气、餐饮油烟、颗粒物污染源、畜禽养殖、入河排污口、污水处理设施建设等认真组织开展重点巡察，督促环保工作有力有效落实。要重点加强涉重金属、危险废物重点企业的在线监测，对于企业偷排偷放、篡改伪造数据等行为，认真组织开展常规巡察，督促环保工作有力落实。对于重大环境危害因素，要明确整改责任人、整改要求、整改期限等，对于日常检查出的问题，要求整改的必须立即整改，将事故消除在萌芽状态。

4) 引导企业采用高效能源

在满足生产需求的基础上，严格控制能源的使用，提升能源利用率。要引导加强对余能资源的二次利用，通过对清洁生产的实施，淘汰企业部分产能低、能耗大的设备、设施，提高资源利用率或者循环使用资源，最终达到“节能、降耗、减污、增效”的效果。

9.5.3　环境卫生

环境卫生管理的基本方法大致可分为外包管理及自行管理两大类。外包管理是将卫生管理工作交由专业公司具体实施；自行管理是由物业服务企业在物业管理区域内自行实施卫生管理工作。环境卫生管理包括制定环卫管理制度、搞好环卫设施建设和做好环卫宣传工作三方面。环境卫生管理制度应针对卫生清洁、垃圾清理、卫生消杀等具体工作进行制定。

1) 建立环卫管理制度

管理制度是搞好环卫管理工作的保证，具体包括下列内容：①制定清洁人员岗位责任制、清洁卫生检查制度操作规程、清洁人员考核制度等。②制定卫生管理守则。要求业主和用户遵守公共道德，不准乱贴、乱画、私自占用、堆放杂物、乱丢烟头等。③建立清洁制度和清洁标准。清洁范围包括室内、公共区域、大堂、楼梯、洗手间、天台、共用玻璃、外墙、地面、道路等的每日清洁和定期清洗。④制定垃圾分类制度。积极响应国家和当地政策，对垃圾进行分类管理。⑤建立清洁监督检查制度。定期巡检共用部位的清洁，发现乱贴、乱画、乱扔杂物、私自占用、堆放杂物等现象应立即处理。

2) 配备环卫设施

环卫设施包括环卫车辆和便民设施。常见的环卫车辆有清扫车、洒水车、垃圾运输车等，便民设施有果皮箱、垃圾桶、垃圾清运站等。在环卫设施管理中要注意添置、更新环卫设施，合理布局环卫设施，并做好环卫设施的保养工作。

3) 加强环卫宣传

利用宣传栏等形式鼓励业主及用户自觉保持环境卫生，增强全民环境卫生保护意识，营造良好的环境保护氛围。

思　考　题

9-1. 土木工程再生利用项目维护的基本内涵是什么?

9-2. 土木工程再生利用项目维护的主要内容有哪些?

9-3. 如何进行建(构)筑物风险评估?

9-4. 简述路基维护工作的内容与要求。

9-5. 简述人行道常见病害及维护措施。

9-6. 道路交通安全设施维护要求有哪些?

9-7. 给水排水系统维护中常见的处理措施有哪些?

9-8. 供配电系统维护中的主要巡视项目有哪些?

9-9. 安防系统的组成及功能是什么?

9-10. 简述目前常见的环境监测技术。

参考答案

第 10 章　土木工程再生利用项目评价

10.1　项目评价基础

1. 基本内涵

项目评价是在项目的全生命周期过程中，运用科学的评价理论和方法，对项目进行系统的、客观的评价活动。

土木工程再生利用项目评价是在结合再生利用项目特点的基础上，从可持续发展的角度出发，依据各阶段的特点并基于多种因素，对再生利用项目进行动态的、全过程的评价活动。通过科学合理的项目评价，实现项目的正常运行并保证项目长期健康发展的态势。

2. 主要内容

1) 评价内容

对项目全生命周期而言，土木工程再生利用项目评价包括项目潜力评价、项目实施过程评价和项目效果评价。

(1) 项目潜力评价。

项目潜力评价是对拟实施项目在技术、经济、建设上的可行性、合理性进行综合分析和全面科学的评价，从而为项目决策提供依据，提高项目投资的效益和综合效果。

(2) 项目实施过程评价。

项目实施过程评价是指在项目立项以后的实施过程中的评价。通过项目实施过程评价，可实现对项目状态、进展情况的衡量和监测，对已完成工作的实际状态与目标状态的偏差进行判断，分析其原因和可能的影响因素，并采取必要的措施以达到既定目标。

(3) 项目效果评价。

项目效果评价是对项目完成后进行的一种验收及考核评价，是对项目效果进行的综合性的评价。通过项目效果评价，一方面可以发现再生利用项目的特色和优势，另一方面可以找出再生利用项目开展过程中存在的问题和不足，为今后再生利用项目的开展提供参考和借鉴。

2) 评价目的

(1) 提高项目投资决策水平、投资效益。

通过项目评价，可判断项目是否达到预期的影响效果，分析没有达成的原因并将原因归类，为改进、改善项目投资决策提供依据。

(2) 促进项目高质量发展。

在项目全生命周期的不同阶段，选取适当的评价尺度对项目进行评价，可实现对项目全过程进展、实施情况的衡量、监测，加强项目全过程监督和控制，从而实现项目高质量发展。

(3) 提高项目管理水平。

通过对项目系统化、客观的评价，分析项目全生命周期管理中存在问题及不足，总结各阶段的变化及内在影响联系，有助于提高项目管理水平，实现项目科学化管理、创新性管理。

3) 评价原则

(1) 系统性原则。

项目是由具有相互关联、相互作用的若干要素构成，具有一个特定目标、功能、结构的有机整体，并在既定的资源和要求的约束下，为实现某种目的而承担的一次性任务，只有将各要素有机地结合起来互相协助，才能确保项目目标的有效实现。因此，项目评价时须运用系统工程理念，充分考量各要素间的关系。

(2) 可持续性原则。

经济高质量的发展对土木工程行业提出了更高的要求和标准，在新时代背景下，项目的发展须处理好社会-文化-生态-经济的关系。而判断一个项目发展的可持续性，要看该项目在每一特定时期，能否通过综合调控经济、社会、生态系统等来实现可持续性的发展。因此，项目评价需以可持续发展为理念，强调经济、社会、生态、文化等综合效益的可持续性，顺应人民群众对美好生活的向往。

(3) 动态性原则。

项目从决策、实施到运维阶段，会受到外部、内部各种因素的影响，始终处于动态发展中。因此，项目评价时，应以动态发展理念看待项目的发展，选取合适的方法和尺度对项目进行评价。

(4) 有机更新原则。

土木工程再生利用不能简单理解为对旧建筑的更新修缮，也不能仅将其看作一种社会形态的维护，而应该更多地和城市的政治、经济、生态环境一起协调考虑，要与生活在城市内的人联系起来。因此，土木工程再生利用项目评价时需以“有机更新”的理念衡量项目的合理性、协调性等。

4) 评价特点

与新建项目相比，土木工程再生利用项目评价具有以下特点。

(1) 由于是再生利用项目，其实施全过程涉及建筑、结构、材料、环境、文化、历史、美学、社会学、经济学等多个学科领域，因此对其进行评价同样是多学科、多领域的交叉融合。

(2) 土木工程再生利用项目评价应随着项目对象、所处时代、所处社会环境等因素的变化不断进行调整。

(3) 土木工程再生利用项目评价应具有客观性和公平性的特点。

3. 工作流程

项目评价包括明确项目评价目标、确定评价框架及评价思路、搜集资料、调查现场、整理资料、开展评价、编制评价报告等工作。土木工程再生利用项目评价的工作流程如图 10-1 所示。

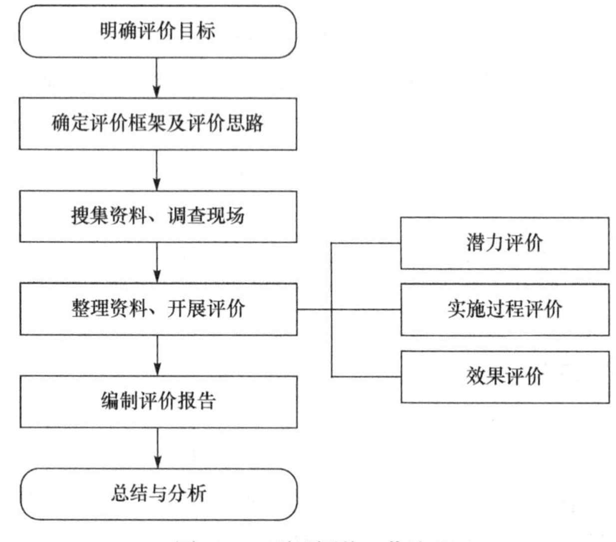

图 10-1　项目评价工作流程

10.2　潜 力 评 价

10.2.1　基本内涵

潜力是指在一定时期和一定技术水平下，某些指标能够增加或者提升的能力。在对土木工程再生利用前，应进行潜力评价，对其是否具备再生利用的可能性进行综合分析，然后依据实际情况做出决策，使该项目得到充分、合理的开发和再生利用。在对土木工程再生利用潜力进行评价时，应针对不同类别项目建立一套科学、全面的评价方法与评价标准，同时与再生利用开发决策实现有效对接。

土木工程再生利用潜力评价的意义体现在：①一些有价值的项目通过科学的潜力评价被保留下来，并通过注入新的使用功能而焕发新生，延续历史文脉且塑造新的城市景观。②通过科学的潜力评价实现了有限资源的可持续性利用，以相对较小的资源消耗代价换取了相对较高的环境品质。③通过科学的潜力评价，可更为有效地判断项目再生利用的潜力。④通过科学的潜力评价，为某些丧失功能的项目延续了生命，并且创造了新的经济、环境、社会效益。

10.2.2　评价内容

土木工程再生利用潜力评价内容包括项目完整性评价、项目区位潜力评价、项目历史文化潜力评价、项目功能空间潜力评价、项目环境有利性评价、项目经济效益潜力评价等。

1) 项目完整性评价

土木工程得以再生利用的前提是再生利用对象应具备适当的完整性。

2) 项目区位潜力评价

项目区位的潜力决定着再生利用项目的后续性成长。项目具有较好的区位条件或者较大的区位增值条件，可以为再生利用提供可行性保障。

3) 项目历史文化潜力评价

土木工程所包含的历史文化价值是项目未来再生利用后吸引使用者的前提条件之一。对于具有历史文化价值的遗产类项目或地处具有独特历史文化价值区域的项目，应充分利用其历史、文化、景观的特有资源和优势，在再生利用中进行深入挖掘和开发，并通过公共空间与环境的塑造，最大限度地吸引使用者并创造未来收益。

4) 项目功能空间潜力评价

通过功能空间潜力评价，明确原有建筑功能空间利用和改造的潜力，进而通过合理功能置换或进行水平、垂直乃至三维层面的划分与重组，满足新功能的使用要求。评价时，应针对不同类型的项目进行针对性的评价，从而提出针对性的功能改造意向与分类指导准则。

5) 项目环境有利性评价

环境的有利性是土木工程再生利用潜力的保障因素，项目自身具备良好的环境条件和未来，对周边环境具有促进作用，是再生利用项目顺利进行的必要条件。

6) 项目经济效益潜力评价

土木工程项目再生利用前，应对项目预期效益进行核算与分析，从经济方面对项目的再生利用潜力做出客观评价。经济效益潜力评价时应考虑该项目的原有功能、配套设施、设备系统、能源效率、所处城市地段及社会经济背景、安全性等方面的因素。

10.2.3　评价方法

面对具体的土木工程再生利用项目，不仅要对其现状进行分析和调研，还需从多个方面、多个层面对项目潜力进行资料搜集、分析与评价。潜力评价方可采用以下评价方法。

1) 综合潜力计算法

综合潜力计算法是根据各指标因子的影响力给其赋以权重值，然后将各单项指标因子的赋值进行加权求和得出总潜力。首先，对评价指标体系中的所有指标因子进行筛选，选取对评价单元的总潜力有着决定性影响的指标因子；其次，在确定全局影响指标因子后对其赋值；最后，进行总潜力值计算。

2) 多因素综合评价法

多因素综合评价法是针对评价目的选定多个关联性指标并对多个参评单位进行综合分析的方法，该方法的基本思想是将多个具有隶属关系的指标最终转化成一个能够反映综合情况的指标来进行评价。应用该方法时，要求在评价过程中对多个指标同时进行评价，而不是依照先后顺序或者主次排序完成的，但是对结果造成更大影响的指标需要通过加权的方式体现一定的差异性，最终的结果均以指数或分值的形式表示。

3) TOPSIS 法

TOPSIS 法是一种逼近于理想解的排序法(technique for order preference by similarity to ideal solution)，是常用且有效的多目标决策方法，具备理想解和负理想解两个基本概念。其原理是在计算出有限个评价单元与理想化目标的接近程度的基础上，进行排序，进而评价其优劣。各个指标最优值的集合为理想解，各个指标最差值的集合为负理想解。对于各个评价单元来说，通过分别计算它的各个指标值与理想解和负理想解的相对距离，进一步进行排序。如果这个评价单元的指标值更加接近理想解，而远离负理想解，则说明该评价单元表现较佳。反之则说明该决策单元表现较差。

4) 可拓综合评价法

可拓综合评价法是基于可拓学理论而发展起来的。可拓综合评价法以可拓集合为基础，把事物的质与量进行结合，不仅从数量上去描述待评对象的状态，并根据其状态对其所属程度进行归类,还可以对不同性态的界限进行数量上的判定。其基本思路是：①确定经典域、节域；②确定待评对象；③确定指标权；④确定待评对象关于各类别等级的关联度。

10.3 实施过程评价

10.3.1 基本内涵

实施过程评价是指对项目实施过程进行全面系统的分析和评价，侧重于对实施过程中每个阶段的工作进行检查，总结经验教训。

结合一般项目实施过程评价的定义与土木工程再生利用项目的特点，土木工程再生利用项目实施过程评价可以理解为：在项目再生利用实施中的某一时点，在对已发生的工作内容和项目状态进行总结的基础上，对项目整体和实施情况做出全面、科学的评价，为项目决策提供依据和支持，以便管理者及各利益关系者及时了解、把握项目进展状况，从而保证项目能够达到既定目标。

准确、合理地对土木工程再生利用项目实施过程进行全面评价，不仅是对已发生的工作的肯定及其效果的描述，也是对后续工作的方向指引和目标要求。

土木工程再生利用项目实施过程评价具有如下特点。

1) 现实性

实施过程评价依据的是评价时点所得到的项目现实信息和真实数据，包括客观的系统性信息(如政策等)和项目实施过程信息(如施工技术、施工条件等)。

2) 时点性

评价时所选择的时点将项目实施过程划分为已发生部分和未发生部分，对于已发生的部分，其过程和状态是确定的，对于未发生的部分，其状态是不确定的。因此，实施过程中每一时点的评价结果只是反映了那一时点的情况。评价时点不一样，评价对象、评价内容也不一致。

3) 适度性

实施过程评价针对的是项目实施过程中的具体时点，应根据时点的性质有所侧重，适度进行，不应耗费过多的时间和人力，以免影响项目的正常进行。

4) 探索性

实施过程评价需要分析项目现状，与计划比较，发现问题并探索性地解决问题，同时对项目评价时点以后未发生的部分进行合理预测，为后期项目实施过程决策提供科学的依据。

10.3.2 评价内容

土木工程再生利用项目实施过程评价内容包括项目质量评价、项目进度评价、项目成本评价、项目安全评价、项目绿色评价。

1. 项目质量评价

项目质量评价的主要作用在于规范现场施工、保障工程质量、监督和预防质量事故的发生、保证项目的功能性和安全性、提高经济效益。土木工程再生利用项目质量评价包括检查施工质量控制方法/程序是否全面严密、实际工程质量是否达到质量标准、项目改造后是否可以满足正常使用需要、有无重大质量事故等。土木工程再生利用项目质量控制重点体现在以下几个方面。

1) 地基基础处理

土木工程再生利用项目建造技术方案的恰当运用是实现前期设计策略的关键。土木工程再生利用项目中，地基基础与建(构)筑物的关系极为密切，地基基础对建(构)筑物的安全与正常使用起着至关重要的作用。

2) 结构加固改建

土木工程再生利用项目的结构加固改建是其功能重塑的必然要求。一是建(构)筑物在之前的服役期内由于自然与人力的影响已经导致结构构件受损或使用能力下降而影响继续使用；二是功能的变化对结构体系提出了新的要求。

3) 关键技术

土木工程再生利用项目在关键技术和材料的选用上与新建项目的做法有很大区别，因此项目应结合原构造特点和施工难度，考虑经济因素，创造性地制定施工方案，选用合适的技术和材料。

2. 项目进度评价

项目进度评价是在土木工程再生利用项目实施过程中，对进度控制的各项工作进行评价、分析，找出存在的问题，从而采取有针对性的控制策略。由于土木工程再生利用项目存在施工环境复杂、施工技术难度大等特点，在实施过程中进行进度评价时，应结合对进度有影响的因素进行进度控制。如规划阶段中原项目可利用程度的差异性以及再生利用方案的不确定性；设计阶段中设计空间的局限性以及设计方案的不确定性和不协调性；施工阶段中作业空间的局限性以及工程变更的复杂性等。

3. 项目成本评价

成本是影响土木工程再生利用项目的重要因素，是成本控制主体选择价格策略、进行各类决策的重要基础。项目成本评价有利于土木工程再生利用项目实现各投入资源的合理配置及利用，提高再生利用项目的成本效益。

项目成本评价指结合项目成本核算及其他相关资料，对再生利用项目成本构成的变动情况进行分析，挖掘影响成本升降的各种因素，揭示影响因素变动的原因，寻找降低成本的潜力，合理评估成本计划的完成情况，正确考核成本责任单位的工作业绩，包括核查有无编制成本计划、工程实际完成情况、资金使用情况，以及评价材料实际消耗量、材料实际购进价格、影响建设成本的因素等。土木工程再生利用项目成本评价时，应考虑项目成本构成上与一般项目的区别，例如，土木工程再生利用项目涉及检测费，包括对建筑结构可靠性及建筑环境的检测费。为了实现对原项目的全面检测，需对原设计图及文件进行收集查阅，结合既有资料进行结构编号，组织原项目相关负责人、设计人员及检测机构成员开展现场踏勘及检测，然后进行专家论证，组织相关专家结合最初的规划，以检测报告为基础，对建筑物的安全使用给出相应的建议报告。最后，结合建议报告提供的可再生利用建筑的建议利用形式，展开分级检测工作；这一部分费用须纳入成本控制、成本评价范畴。

4. 项目安全评价

项目安全评价是指以保证项目具体实施各项活动中人、物、环境的安全为目的，运用安全系统工程理论与评价方法，对项目实际再生利用过程中的安全管理现状进行评价，以明确项目自身的安全生产状态，从而为项目继续保持良好状态或针对现有安全隐患制定改进措施提供科学的参考依据。安全评价程序一般包括：①前期准备；②危险源识别；③评价单元确定和定性与定量评价；④确定安全对策措施；⑤给出安全结论与建议；⑥编制评价报告。安全评价程序如图 10-2 所示。

在项目实施过程中，为使管理人员能够采取科学、合理、有效的安全控制措施，实现施工现场安全技术、安全管理的标准化，需要通过合理的评价标准与评价模型对建设项目的安全生产现状与管理现状进行全面、系统、客观的评价，并将评价结论作为制定安全控制对策与整改建议的重要参考依据。因此，为了合理、科学地进行土木工程再生利用项目安全评价，在选取评价标准、评价方法时应考虑此类项目的特点，如施工场地为旧建(构)筑物或厂区、地下障碍物繁多、施工场地狭窄、部分结构拆换、大型机械使用受限等，应严格注重防倒塌、防火灾、防高处坠落、防污染以及减少扰民等安全措施的采取情况。

5. 项目绿色评价

项目绿色评价是指利用科学手段建立健全可行的评价指标体系和评分标准，对项目的发展目标、实施手段和技术、管理方法、建成后对生态环境的影响、资(能)源消耗等进行评价分析。新时代背景下，伴随经济的高质量发展，提出了“绿色发展”理念，土木工程项目应遵循此理念进行再生利用，实施过程评价时，应当将绿色评价作为评价内容之一。再生利用时，应结合绿色建筑的标准要求，在满足新的使用功能要求、合理的经济性的同时，最大限度地节约资源、保护环境、减少污染，为人类提供健康、高效和适用的使用空间，使再生利用后的项目能够和社会及自然和谐共生；并坚持功能适用、经济节能、低碳环保、健康舒适为导向。土木工程再生利用项目绿色评价时应注意以下问题。

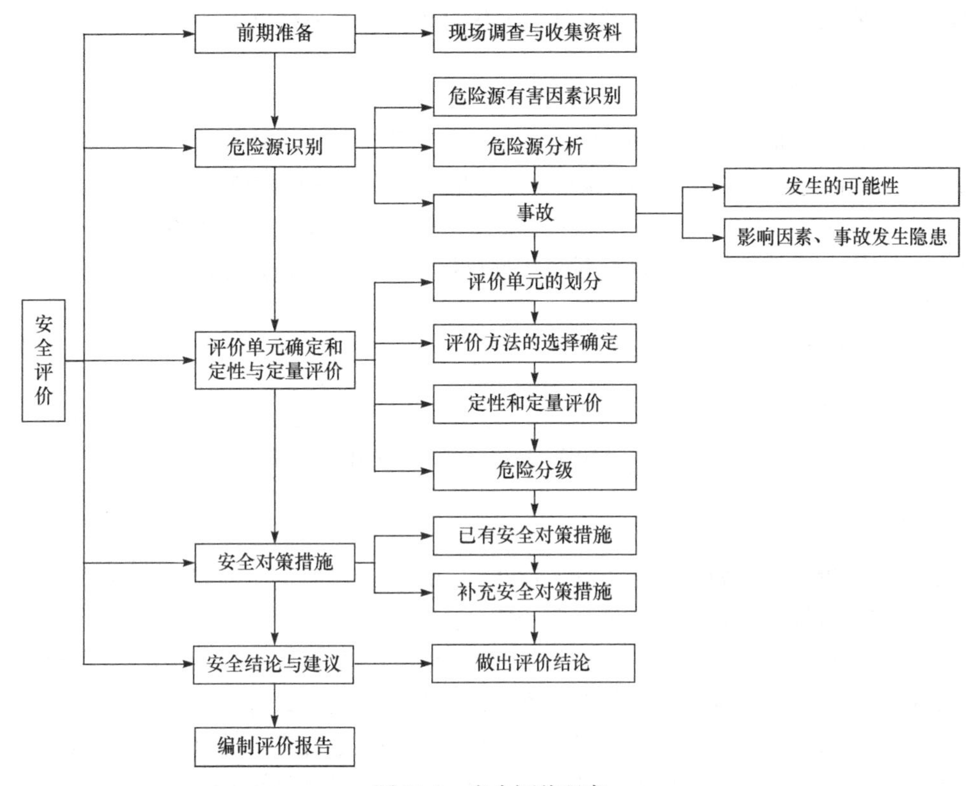

图 10-2　安全评价程序

(1) 科学的结构检测与加固应作为再生利用的必要前提。检测结构的强度和材料的耐久性，考察其达标程度，以此作为再生模式、再生规模等的决策依据。绿色评价时，须考量检测结果对经济节能、低碳环保的影响。

(2) 土木工程再生利用项目的社会价值应作为重要的评价因素。相比推倒重建，由于容积率的限制等，从经济性角度看，再生利用并不一定是最佳的选择。再生利用项目不仅仅是简单地对项目进行重复利用，同时应该展现它的社会意义，充分发挥它的作用，体现它的社会效益。绿色评价时，须考量项目的社会价值，以期充分发挥此类项目再生利用的意义。

(3) 环境检测修复应作为再生利用的重要前提。土木工程再生利用项目中一部分属于旧工业建筑，原工业产业对环境通常有一定影响，是产生空气污染、噪声污染、水污染等环境问题的一大原因，如冶炼车间的酸洗池会对周边土壤产生重金属污染。评价时须考量项目再生利用后对生态环境的影响。

(4) 以充分利用既有材料、避免对结构的大幅改造作为重要的评价因素。土木工程再生利用项目应充分利用既有资源，达到节约材料、提高环保性和经济性的目的。绿色评价时，须考量既有资源的利用问题。

10.3.3 评价方法

土木工程再生利用项目实施过程评价时，评价时点、评价内容、评价约束条件和资料不一样，所采用的评价方法也不一样。实施过程评价可采用以下评价方法。

1. 层次分析法

层次分析法是指将一个复杂的多目标决策问题作为一个系统，将目标分解为多个目标或准则，进而分解为多指标(或准则、约束)的若干层次，通过定性指标模糊量化方法算出层次单排序(权数)和总排序，以进行目标(多指标)、多方案优化决策的系统方法。较适合于具有分层交错评价指标的目标系统，且目标值又难于定量描述的决策问题。层次分析法流程图如图 10-3 所示。

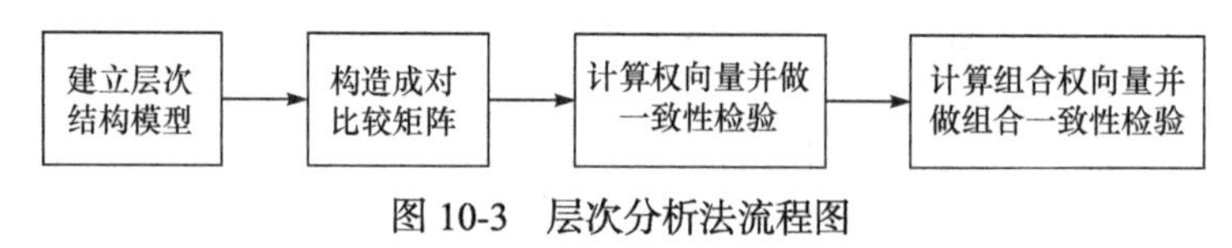

图 10-3　层次分析法流程图

2. 主成分分析法

主成分分析法也称为主量分析法，旨在利用降维的思想，研究如何将多指标问题转化为较少的综合指标问题，是一种重要的统计方法。主成分分析法的实质在于其分析计算过程中所完成的三方面工作：①消除了原始变量间的相关影响；②确定了综合评价时所需的权重；③减少了综合评价的指标维数即降维。通过主成分分析法，将原来相关的各原始变量变换成为相互独立的主成分，进而对这些主成分进行综合评价，消除了指标间的相关性，评价时可避免重复信息。主成分分析法流程图如图 10-4 所示。

3. 数据包络分析法

数据包络分析(data envelopment analysis，DEA)法是在“相对效率评价”概念的基础上发展起来的一种新的系统分析方法。该方法应用数学规划模型计算比较决策单元之间的相对效率，对评价对象做出评价。它能充分考虑决策单元(decision making units，DMU)本身最优的投入产出方案，能够理想地反映评价对象自身的信息和特点，同时对于评价复杂系统的多投入多产出问题具有独到之处。其原理主要是通过保持决策单元的输入或者输入不变，借助于数学规划和统计数据确定相对有效的生产前沿面，将各个决策单元投影到 DEA 的生产前沿面上，并通过比较决策单元偏离 DEA 前沿面的程度来评价它们的相对有效性。DEA 法流程图如图 10-5 所示。

4. 未确知测度理论综合评价法

未确知测度理论综合评价法以未确知测度数学理论为基础，主要用来评价在客观上清楚但在主观认识上模糊的系统，具有评价因素选择灵活、评价过程有据可循、评价结

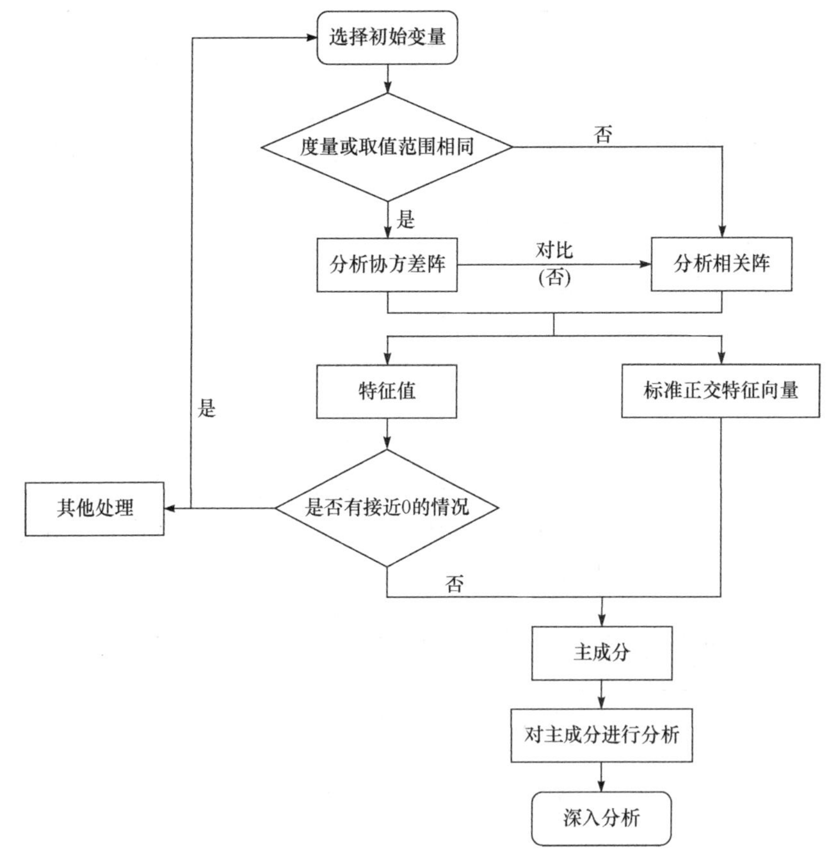

图 10-4　主成分分析法流程图

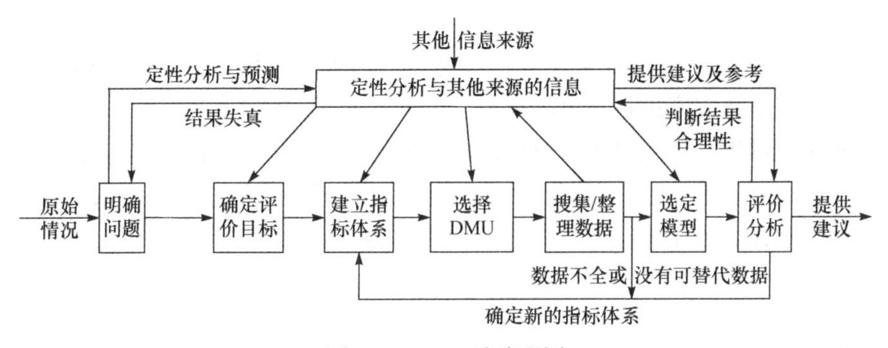

图 10-5　DEA 法流程图

果客观准确的特点；可对评价指标进行优劣排序，同时又可进行综合等级评定。对某一对象进行多指标综合评价时，若其指标具有较强的未确知性，则首先可进行单个指标未确知测度计算，即通过未确知测度理论构造单个指标的主观隶属函数，并运用函数对该指标的不完整测量信息进行未确知测度计算；然后，进行多指标未确知测度计算，这时需要明确各指标相对于评价目标的权重，通过各指标权重与单指标未确知测度进行计算得出多指标综合未确知测度评价矩阵；最后对评价结果运用置信度方法进行识别，判断出对象的综合评价等级。未确知测度理论综合评价法流程图如图 10-6 所示。

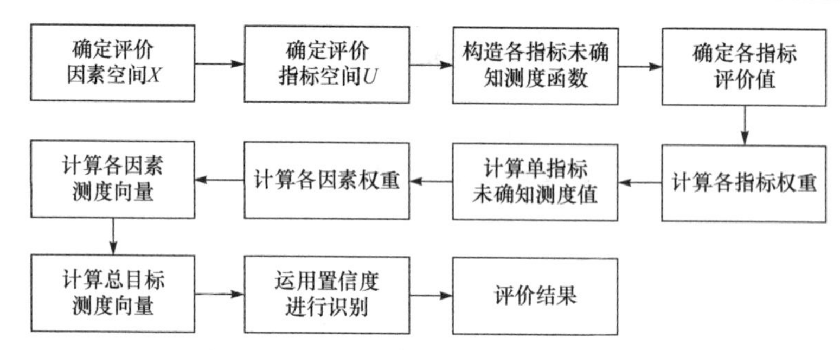

图 10-6　未确知测度理论综合评价法流程图

5. 物元可拓法

物元可拓法是针对物元(包括评价对象、特征及其量值)的整体研究，依据收集的实际数据来计算关联度，从而获取结论，极大程度上排除了人为因素分析及评定的干扰，有效改进了传统算法的近似性。同时物元可拓法具有定量严密、计算简便、规范性强的特点。物元可拓法流程图如图 10-7 所示。

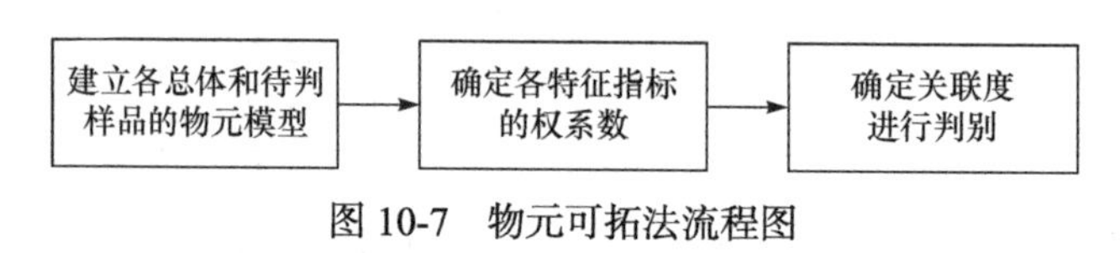

图 10-7　物元可拓法流程图

10.4　效 果 评 价

10.4.1　基本内涵

土木工程再生利用项目效果评价是对再生利用项目预期计划的价值做出科学的判断、评估，对其实施程度进行评价。

对土木工程再生利用项目进行效果评价，可衡量再生利用项目的预期目标是否达到，主要效益指标是否实现；查找项目成败的原因，总结经验教训，及时有效反馈信息，提高未来类似项目的管理水平；为项目投入运营中出现的问题提出改进意见和建议，达到提高投资效益的目的。

10.4.2　评价内容

土木工程再生利用项目效果评价内容主要包括项目目标效果评价、项目效益效果评价、项目影响效果评价、项目持续性效果评价、项目管理效果评价等。

1) 项目目标效果评价

项目目标效果评价的任务是评价项目立项时各项预期目标的实现程度，并对项目原定决策目标的正确性、合理性和实践性进行分析评价。评价时不仅要对项目产生的直接作用和效果进行衡量，还要衡量对国家、地区、行业可能产生的影响，或对技术、经济、社会、环境带来的重大影响。项目目标实现程度可以按照工程建成、技术建成、经济建成和长远效益实现 4 个层面来判断。

2) 项目效益效果评价

项目效益效果评价主要是针对项目完成后的实际经济效果所进行的财务评价和经济评价。它以项目建成运营后的实际数据为依据，重新计算项目的各项经济指标，并与项目前期预测的经济指标进行对比，分析两者间的偏差及产生偏差的原因，总结经验教训。评价内容主要包括项目总投资和负债状况，以及重新计算项目的财务评价指标、经济评价指标等。

3) 项目影响效果评价

项目影响效果评价主要有经济影响后评价、环境影响后评价、社会影响后评价。对土木工程再生利用项目进行经济影响后评价时，可从投资计划的合理性、选取的融资模式与项目及投资方性质的贴合程度、所采取的技术方法可降低成本/提高效益的程度、项目收益与成本回收等角度进行衡量。对土木工程再生利用项目进行环境影响后评价时，可从项目与区域地理环境的结合程度、对可再生能源的利用程度、对可再生利用材料或可循环材料的使用程度、节能措施对总能耗的降低程度、对土地资源的合理利用程度、节水及优化水资源的能力、室内环境质量水平、对废弃物的分类处理能力、空气污染程度、噪声污染程度、特殊污染源的污染处理程度、绿色建筑运营管理表现等角度进行衡量。对土木工程再生利用项目进行社会影响后评价时，可从对区域经济发展的影响、改善公共卫生环境的能力、与周围环境的协调性、提供就业机会的能力、为区域其他活动提供配套设施的能力、对周边居民的干扰程度，对自然、历史、文化遗产的保护程度等角度进行衡量。

4) 项目持续性效果评价

项目持续性效果评价是在项目的资金投入全部完成之后，对项目的既定目标是否还能继续，项目是否可以持续地发展下去，项目是否具有可重复性，即是否可在将来以同样的方式建设同类项目进行评价。

5) 项目管理效果评价

项目管理效果评价是以项目目标和效益后评价为基础，结合其他相关资料，对项目整个生命周期中各阶段的管理工作进行评价。评价内容包括项目管理体制与机制创新、项目管理者是否有较强的责任感和是否有效地管理项目的各项工作、人才和资源是否使用得当等。

10.4.3　评价方法

土木工程再生利用项目效果评价可采用定性或定量的评价方法。定性评价主要依据评价者自身的经历和经验，结合现有文献资料，综合考察评价对象的表现、现实和状态，直接对评价对象做出定性结论的价值判断。定量评价是采用数学方法，收集和处理数据资料，对评价对象做出定量结果的价值判断。土木工程再生利用项目效果评价可采用以下评价方法。

1) 专家评分法

专家评分法是在定量和定性分析的基础上，以打分等方式做出定量评价。专家评分法的主要步骤是：首先，根据评价对象的具体情况选定评价指标，对每个指标均定出评价等级，每个等级的标准用分值表示；其次，以此为基准，由专家对评价对象进行分析和评价，确定各个指标的分值，采用加法评分法、乘法评分法或加乘评分法求出各评价对象的总分值，从而得到评价结果。

2) 德尔菲法

德尔菲法是由企业组成一个专门的预测机构，其中包括若干专家和企业预测组织者，按照规定的程序，背靠背地征询专家对未来市场的意见或者判断，然后进行预测的方法。其大致流程是：在对所要预测的问题征得专家的意见之后，进行整理、归纳、统计，再匿名反馈给各专家，再次征求意见，再集中，再反馈，直至得到一致的意见。

3) 人工神经网络法

人工神经网络是从信息处理角度对人脑神经元网络进行抽象，建立某种简单模型，按不同的连接方式组成不同的网络。人工神经网络是一种运算模型，由大量的节点(或称为神经元)相互连接构成。每个节点代表一种特定的输出函数，称为激励函数。每两个节点间的连接都代表一个通过该连接信号的加权值，称为权重，这相当于人工神经网络的记忆。网络的输出则依照网络的连接方式、权重值和激励函数的不同而不同。而网络自身通常都是对自然界某种算法或者函数的逼近，也可能是对一种逻辑策略的表达。基于人工神经网络的项目效果评价一般是通过应用神经网络不断地训练大量样本，寻找或拟合输入数据(评价指标值)与输出结果(项目实施效果水平)之间的关系，以期对以后类似工程进行有效的项目效果评价或水平预测。

4) 层次分析法

层次分析法是指将一个复杂的多目标决策问题作为一个系统，将目标分解为多个目标或准则，进而分解为多指标(或准则、约束)的若干层次，通过定性指标模糊量化方法算出层次单排序(权数)和总排序，以进行目标(多指标)、多方案优化决策的系统方法。层次分析法根据问题的性质和要达到的总目标，将问题分解为不同的组成因素，并按照因素间的相互关联影响以及隶属关系将因素按不同层次聚集组合，形成一个多层次的分析结构模型，从而最终使问题归结为最低层(供决策的方案、措施等)相对于最高层(总目标)的相对重要权值的确定或相对优劣次序的排定。

5) 模糊综合评价法

模糊综合评价法是一种基于模糊数学的综合评价方法。该综合评价法根据模糊数学的隶属度理论把定性评价转化为定量评价，即用模糊数学对受到多种因素制约的事物或对象做出一个总体的评价。其基本思路是：结合考虑各评价指标的相对重要程度，通过设置权重来区分所有因素的重要性，建立模糊数学模型，计算出项目实施效果的各种优劣程度的隶属度。

6) 可拓优度评价法

可拓优度评价法是可拓学中的一种工程评价方法，主要用于评价一个对象的优劣程度，评价的对象可以包括事物、策略、方案、方法等。该方法可以针对单级或多级评价指标体系，建立评判关联函数来计算关联度和规范关联度，根据预先设定的衡量标准，确定评价对象的综合优度值，从而完成单级或多级指标体系的综合评价。可拓优度评价法是基于可拓学理论的新兴评价方法，以基元理论和基本扩展变换方法为基础，有机结合了基础关联函数来确定待评价对象关于衡量指标符合要求的程度，是定性分析与定量分析相结合的方法，适用范围非常广泛。不过其指标的权重依然需要通过其他方法来确定。

思考题

10-1. 土木工程再生利用项目评价的基本内涵是什么?
10-2. 土木工程再生利用项目评价的主要内容有哪些?
10-3. 为何要进行土木工程再生利用项目评价?
10-4. 土木工程再生利用项目评价的原则有哪些?
10-5. 土木工程再生利用项目评价的特点有哪些?
10-6. 为何要进行潜力评价?
10-7. 潜力评价的主要内容有哪些?
10-8. 实施过程评价的特点有哪些?
10-9. 实施过程评价的主要内容有哪些?
10-10. 效果评价的主要内容有哪些?

参考答案

参考文献

曹吉鸣, 2010. 工程施工管理学[M]. 北京: 中国建筑工业出版社.

曹志刚, 汪敏, 段翔, 2018. 从增量规划到存量更新: 居住性优秀历史建筑的重生——以武汉福忠里为例[J]. 中国名城, (1): 81-89.

陈浩, 2015. 建筑工程绿色施工管理[M]. 北京: 中国建筑工业出版社.

成辉, 梁锐, 刘加平, 2015. 西部乡村建筑更新策略研究与实践[J]. 西安建筑科技大学学报(自然科学版), 47(6): 888-893.

崔龙哲, 李社锋, 2016. 污染土壤修复技术与应用[M]. 北京: 化学工业出版社.

杜欣, 2013. 基于 BIM 的工业建筑遗产测绘[D]. 天津: 天津大学.

付军, 2010. 园林工程施工组织管理[M]. 北京: 化学工业出版社.

高洪双, 郑荣跃, 黄莉, 2017. 既有公共建筑绿色改造技术增量成本与效益分析[J]. 建筑技术, 48(2): 177-179.

贺静, 2004. 整体生态观下既存建筑的适应性再利用[D]. 天津: 天津大学.

黄志烨, 2015. 不确定条件下既有建筑节能改造项目投资决策研究[J]. 城市发展研究, 22(1): 4-8.

交通运输部, 2019. 公路技术状况评定标准(JTG 5210—2018)[S]. 北京: 人民交通出版社.

李飞, 2011. 污染场地土壤环境管理与修复对策研究[D]. 北京: 中国地质大学.

李慧民, 2014. 土木工程安全检测与鉴定[M]. 北京: 冶金工业出版社.

李慧民, 2015. 旧工业建筑的保护与利用[M]. 北京: 中国建筑工业出版社.

李慧民, 陈旭, 2015. 旧工业建筑再生利用管理与实务[M]. 北京: 中国建筑工业出版社.

李慧民, 裴兴旺, 孟海, 等, 2017. 旧工业建筑再生利用结构安全检测与评定[M]. 北京: 中国建筑工业出版社.

李慧民, 裴兴旺, 孟海, 等, 2018. 旧工业建筑再生利用施工技术[M]. 北京: 中国建筑工业出版社.

李慧民, 李文龙, 李勤, 等, 2019. 旧工业建筑再生利用项目建设指南[M]. 北京: 中国建筑工业出版社.

李明, 韩同银, 2017. 建筑施工项目管理[M]. 北京: 机械工业出版社.

李向东, 2016. 环境污染与修复[M]. 徐州: 中国矿业大学出版社.

李晓丹, 杨灏, 郑泽民, 2016. 既有工业建筑绿色化改造方案综合评价研究[J]. 施工技术, 45(22): 81-87.

孟海, 李慧民, 2016. 土木工程安全检测、鉴定、加固修复案例分析[M]. 北京: 冶金工业出版社.

唐燕, 昆兹曼 K R, 2016. 文化、创意产业与城市更新[M]. 北京: 清华大学出版社.

王耀国, 2019. 历史建成环境的适应性再利用在可持续社区建设中的运用: 以英国为例[J]. 上海城市规划, (6): 93-98.

王颖, 周启朋, 2014. 工程测量学[M]. 北京: 机械工业出版社.

伍红民, 郭汉丁, 李柏桐, 2018. 既有建筑节能改造市场的政府治理研究综述[J]. 土木工程与管理学报, 35(4): 175-181.

杨东, 刘晶茹, 李玉, 等, 2019. 面向城市管理的城市建筑存量研究综述[J]. 中国环境管理, 11(5): 88-93.

杨晓辉, 丁金华, 2013. 利益博弈视角下的城市土地再开发与规划调控策略[J]. 规划师, 29(7): 85-89, 100.

叶志明, 姚文娟, 汪德江, 2016. 土木工程概论[M]. 4 版. 北京: 高等教育出版社.

张扬, 李慧民, 2015. 基于 SEM 的旧工业建筑绿色改造影响因素分析: 以开发阶段为例[J]. 西安建筑科技大学学报(自然科学版), 47(5): 689-693.

中国冶金建设协会, 2017. 旧工业建筑再生利用技术标准(T/CMCA 4001—2017)[S]. 北京. 冶金工业出版社.

邹明妍, 周铁军, 2018. 城市更新视野下旧工业建筑适应性再利用: 以重庆 501 艺术基地为例[J]. 建筑与文化, (11): 194-195.